科学原来如此

看，星星是咋回事

于启斋　编著

上海科学普及出版社

图书在版编目（CIP）数据

看，星星是咋回事 / 于启斋编著 . — 上海：上海科学普及出版社，2016.8（2022.10重印）

（科学原来如此）

ISBN 978-7-5427-6742-4

Ⅰ.①看… Ⅱ.①于… Ⅲ.①天文学—少儿读物 Ⅳ.① P1-49

中国版本图书馆 CIP 数据核字 (2016) 第 138343 号

责任编辑　刘湘雯

科学原来如此

看，星星是咋回事

于启斋　编著

上海科学普及出版社出版发行

（上海中山北路 832 号 邮编 200070）

http://www.pspsh.com

各地新华书店经销　三河市祥达印刷包装有限公司印刷

开本 787×1092　1/16　印张 10　字数 200 000

2016 年 8 月第 1 版　　2022 年 10 月第 2 次印刷

ISBN 978-7-5427-6742-4　　定价：35.80 元

目录
contents

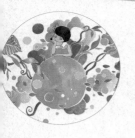

3

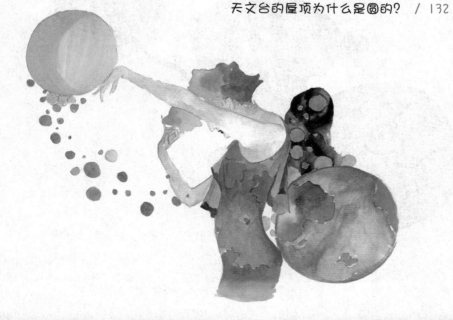

为什么说宇宙大无边？

光的速度很快，一秒钟可以前进 30 万千米，绕地球赤道 7 圈半。很多人肯定以为，以这样的速度到宇宙空间去旅行，用不了多长时间就能从宇宙这头绕到另一头吧？错啦！事实上，情况并非如此。

宇宙是无边无际的，大到无法想象。所以，即使以光的速度在宇宙间遨游，也不可能在短时间内一一领略宇宙景观。

我们知道月球是离地球最近的天体，从地球发出的光线，只需 1.3 秒就可以到达月球。太阳与地球之间的距离就远得多了，光线大体要走 500 秒才能从太阳抵达地球。而光线从太阳出发到达冥王星，则得花 5 个多小时的时间。

这些数据同宇宙相比，都只是小菜一碟。我们生活的地球属于太阳系，距离太阳系最近的恒星（在天体中，能够自行发光发热的天体叫恒星）叫比邻星，它离我们大约有 360 013 000 001 300 130 千米 。光年是天文学上的一种距离单位，即以光在 1 年内在真空中走过的路程为 1 光年。光速约为每秒 30 万千米，因此 1 光年约等于 94 605 亿千米。

　　太阳和以它为中心并受它的引力约束的天体，组成了太阳系。比太阳系范围更大的是银河系，银河系中有1200亿颗左右的恒星和大量的星团、星云，还有多种多样的星际气体和星际尘埃。

　　不过，银河系也不是宇宙的尽头。在银河系之外，宇宙空间中还有许许多多像银河系一样的星系，我们称它们为"河外星系"。至今，人们已经发现10亿多个河外星系，这是多么庞大的数字呀。

　　宇宙是无边无际的，目前我们已经能推算出的星星就超过了万亿亿颗。这个浩瀚而巨大的宇宙，可不是光凭着我们的想象就能勾画出来的。那些离我们遥远的星星，它们体积之庞大、存在时间之久，都是令人震惊的，所以才有了"天文数字"的说法。举个例子，就连宇宙中大小适中的太阳，都有2000亿亿吨，70万千米的半径，1500万度的温度，50亿岁的年龄，它每秒钟释放的能量可供地球用1000万年之久呢。再想想那些比太阳更大的星球，我们才能发现，原来宇宙这样巨大啊！

宇宙是个什么模样？

宇宙是天地万物的总称，它既没有边际，也没有尽头，同时也没有开始和终结。那宇宙是什么模样的？

宇宙中的天体千姿百态，有密集的星体状态，有松散的星云状态，还有辐射场的连续状态等。各种星体的大小、质量、密度、温度、颜色、年龄等也都各不相同。天体不是同时形成的，每一个天体都有自己的发生、发展、衰亡的过程，但是作为总体的宇宙则是不生不死、无始无终的。

目前，已经被人们发现和观测到的星系大约有1250亿个，而每个星系又拥有几百到几百万亿颗像太阳这样的恒星。不难想象，宇宙该有大多呀！我们可观察到的宇宙，只不过是宇宙无限风景中的一个小斑点。

什么是银河系?

　　银河是宇宙中一个大的星系。它比普通的星系稍微大一些，直径大约为 10 万光年。晴朗的夜晚，天空中会出现一条明亮的光带，夹杂着许多闪烁的小星，看上去像一条银白色的河，所以叫做银河。银河由许许多多的恒星构成，统称为天河。它是银河系的一部分。

　　银河系物质的密集部分形成了一个形状像圆盘的轻薄物体，叫做银盘。银盘里有旋臂，这是气体、尘埃和年轻恒星聚集的地方。银盘中心恒星密集的区域被称为核球，它是球形的，直径约为 4 千秒差距。核球的中心部分叫银核，会发出很强的射电、红外线、X 射线和 γ 射线等。

　　银盘外面是一个近似球状分布的大型系统，不过，这里物质的密度要比银盘中的物质密度小很多，叫做银晕。银晕中的恒星很少，只有为数不多的球状星团。银晕外面还有银冕，它的物质分布呈球状。

　　银河系能够自转，同地球的整体运动不一样，银河系自转的速度比较特殊，起先会随着与银河系中心的距离增大而增大，当达到几十万光年后，速度就恒定下来，不再增加，一直保持到银晕的外端。我们不能用理解地球的观念去理解银河系，它毕竟不是地球，而是庞大的银河系。

　　银河系是一个漩涡星系，具有漩涡结构，它有一个银心和两个旋臂，旋臂相距大约有 4 500 光年。从距离上说，太阳距银心约 2.3 万光年。

　　银河系的轮廓不规则，有点儿模糊，宽窄相差不大。从侧面看，银河系像一个中心略鼓的大圆盘，太阳系位于距银河系中心约 2.6 万光年的地方。银河系的鼓起处为银心，是恒星密集区，所以望去是白茫茫的一片。

拍拍脑袋想一想

天上的银河是一条河吗？

在晴朗的夜晚，抬头仰望星空，你会发现天空有一条淡淡的白色发光带，好像是一条流过天空的大河，这河我们叫它银河。大家不能看字取义，误把银河当成一条河。由于星星距离我们十分遥远，数量又特别多，无法用肉眼一一看清，所以看上去就像一条茫茫的银色天河。只要我们用望远镜观察，就可以清清楚楚地看到里面一颗颗的星星了。

银河在中国古代被称为天河、银汉、星河、星汉、云汉，是横跨星空的一条乳白色亮带。它大约由1 000亿颗以上的恒星组成。应该说明的是，银河并不是一条真正的河，它是银河系的一部分。

悄悄告诉你？

6

银河系到底有多大？

对于人类来说，地球已经是一个非常大的球体了，就算借助现代化的交通工具，也很少有人能走遍世界的各个角落。只在地球上旅行就已经如此麻烦了，如果要到月球上去，那就更难了。地球到月球的平均距离为384 400千米，这一距离可不短，到现在能够登上月球的人也没有几个。太阳系的范围就更大了，但和银河系相比，太阳系又只是沧海一粟。

银河系的形状像一块铁饼，从侧面看像一块凸透镜，中央凸起的部分叫银核，是恒星分布最密集的地方。银核外面是银盘，直径有8万多光年，中央厚约1万光年，边缘厚3 000～6 000光年。在银河系中，包括太阳在内的所有天体都围绕着银河系的中心飞快地旋转。

提到神话故事《西游记》，大家可能很熟悉，故事的主人公孙悟空神通广大，一个筋斗可以翻十万八千里。一里是500米，孙悟空的一个筋斗就可以翻出"十万八千里"，也就是54 000千米。即便如此，如果它想从银盘的一端翻到另一端，也要昼夜不停地翻上22 000年，翻够140 000亿个筋斗才能到达目的地。银河系有多大由此可见一斑。

令人寻味的是，太阳不在银河系的中心，也不在对称的银道面上——它悬在银道面上空8秒差距（秒差距是天文上的距离单位）处，8秒差距不能算近，相当于太阳到织女星的距离，大约是25.3光年。这

与庞大的银盘相比，好像是一本书的封面上空 0.06 毫米处飘浮着一粒小小的尘埃。想想看，银河系到底有多大呀。

银河系里有多少星星？

人类虽然有一双敏锐的眼睛，但用来探测宇宙的时候，却派不上什么用场了，只能借助望远镜来观察星星。是啊，望远镜可以让我们见到更多的星星。望远镜的放大倍数越高，看到的星星就越多。

用普通的双筒望远镜，可以见到 8 等星，能够见到 38000 多颗星星。

如果是镜头直径为 120 毫米的望远镜，则可以看到 14 等暗星，这时能见到的星星就更多了，而且数目十分庞大——达到了 1000 万颗以上。

当然，用更好的望远镜，看到的星星的数目会更多，却也不能看遍银河系中的所有星星。银河系中大约有 2000 亿颗星体，其中恒星约有 1400 亿颗。如果把这些恒星分给全世界 70 亿人，平均每个人可分得约 28 颗呢。

8

悄悄告诉你

太阳系大家庭里
有哪些成员？

　　太阳系是以太阳为中心，由大行星、小行星、卫星、彗星、流星和行星际物质构成的天体系统。太阳系是一个由众多成员构成的庞大家族。太阳是太阳系的中心，它靠自己强大的吸引力，让太阳系内的天体围绕着它不停地运转。

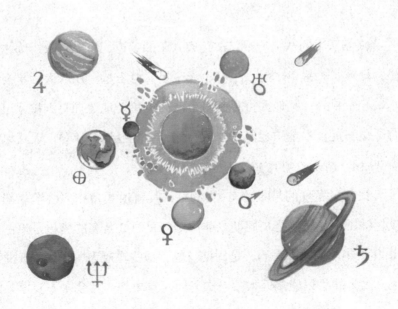

太阳系中的八大行星，按距离太阳的远近，可以依次排为水星、金星、地球、火星、木星、土星、天王星、海王星。在八大行星当中，除水星和金星外，其他大行星都有自己的卫星。地球拥有1颗卫星，火星有2颗卫星，木星的卫星有67颗，土星的卫星有30颗，天王星的卫星有29颗，海王星则有13颗卫星。

目前已发现的彗星约有1700颗，其轨道倾角和离心率等都相差比较悬殊。有些彗星是长周期或非周期彗星。最著名的彗星是哈雷彗星，每76.1年环绕太阳一周，是周期彗星。那些轨道为抛物线或双曲线的彗星，因为终生只能接近太阳一次，而一旦离去，就会永不复返，因此被称为非周期彗星。

太阳系内还有多得难以计数的流星体，主要是由彗星土崩瓦解产生的。流星体一旦落入地球大气层，便成为流星，而大的流星体落到地面还没有烧毁的则成为陨石。

尽管太阳系家族成员众多，但它们却秩序井然、有条不紊地沿着相似的方向，几乎在同一平面上围绕着太阳运转。

拍拍脑袋想一想

你知道太阳系中八大行星之最吗？

悄悄告诉你

11

行星位于太阳的周围，它们各自在固定的轨道上按相同的方向做有规律的运动。行星本身并不发光，但可以通过反射太阳光而发亮。

你知道吗，太阳系中的八大行星有许多之"最"哦！

离太阳由近及远的行星排列循序是：水星、金星、地球、火星、木星、土星、天王星和海王星。

水星：在八大行星中，水星的体积最小，但是它是离太阳最近的行星。

金星：金星是距太阳第二近的行星，在日落的任何时间里，在西方的上空看见一个发光最亮的天体就是金星。金星自己不会发光，它是反射了太阳的光才发亮的。

地球：地球按照距太阳由近到远的次序为第三颗行星，是八大行星中唯一适宜生命生存和繁衍的星球。所以说地球是生命的摇篮，我们应该珍惜和爱护地球。

火星：火星按照距太阳由近到远的次序为第四颗行星，又叫"红色行星"，它一出现在天上，人们就可以看到它那淡淡的红光。

木星：木星按照距离太阳由近到远的次序为第五颗行星，是八大行星中的老大——太阳系中最大的一颗行星，半径是地球的 11 倍，体积是地球的 1316 倍，质量是地球的 318 倍。木星的卫星最多，自成系统。地球绕太阳一圈要花一年的时间，也就是说约需要 365 天；而木星却要花 11 年零 10 个月的时间。

土星：土星按照距太阳由近到远的距离排列为第六颗行星，它是太阳系里的第二大行星，有七个鲜艳夺目的美丽光环，因此有人把土星比喻成"星中美人"。太阳系中，光环最多、最好看的是土星。

天王星：天王星按照距太阳由近到远的距离排列为第七颗行星，在太阳系的八大行星中，它的体积位居第三，质量排名第四，大气中氦的含量约为 10% ~ 15%，其余为氢，还有少量其他气体。

海王星：海王星是环绕太阳运行的第八颗行星，因为它的大气层中含有甲烷，因此海王星呈蓝绿色，是典型的气体行星。

太阳为什么会
发出光和热？

太阳像一个炽热的大火球，每时每刻都辐射出巨大的能量，无私地给地球带来光和热。地球上万物的生长都靠太阳，如果没有太阳发出光和热，地球上的一切简直不可想象。那么，太阳为什么会发出光和热呢？

太阳是离我们最近的一颗恒星，它已经有50亿岁了，也就是说，太阳已经稳定地燃烧了50亿年。太阳靠什么竟燃烧了如此之久呢？

13

经过对太阳光谱的分析推测，人们发现，太阳内部的燃烧并不是我们简单认识的"燃烧"（发光发热的化学反应），而是原子核在"燃烧"——发生核聚变。简单说来，这是一种原子核上的反应，是伴随着释放巨大能量的一种核反应形式。

太阳内部含有极为丰富的氢元素，由于它们不停燃烧，内部温度高达1.92亿℃（表面温度也有6 000℃）。温度越高，原子核运动越激烈，速度越快，越容易发生碰撞，结合成氦原子核，发生核聚变，同时释放出大量的能量，并且以光和热的形式散发出来。

太阳是一个巨大的核能源库。太阳产生的能量不是马上以光和热传递出来，在太阳巨大的引力和物质在中心的压缩运动的作用下，能

14

量在太阳内部传得比蜗牛爬行都慢，从中心到表面要走 1 500 万年，而后才能以光速向宇宙四面八方辐射出光和热。地球可以获得太阳发出能量的 20 亿分之一，不过，这已经足够了，光从太阳表面发出到地球，要走 8 分 19 秒的时间，意思是说，我们这一刻接收到的太阳光是 8 分 19 秒前从太阳表面发出的，而它竟是在一千多万年前才产生的，这真是太令人震惊了！

太阳里的重氢核和质子、中子不断发生着撞击和核聚变，能量就会源源不断地释放出来。那这些能量会不会用完呀？

关于这个问题，我们大可不必担心。太阳中的能量的确是有限的，但就是这个有限的量也足以让我们感到惊叹，因为太阳至少还能燃烧50亿年来保证地球生命的延续呢。

拍拍脑袋想一想

你知道太阳的大小和密度吗？

太阳究竟有多大？

太阳是太阳系中离地球最近的恒星。它究竟有多大？

太阳的直径约为 $1.4×106$ 千米，相当于地球直径的 109 倍；质量大约是 $2×1030$ 千克，相当于地球质量的 330 000 倍；它的表面积是 $6.087×10^{12}$ 平方千米，相当于地球表面积的 11 900 倍，能够容纳下月球环绕地球的公转轨道；而它的体积相当于地球体积的 130 万倍。

还有，太阳的质量是太阳系中全部行星质量的 750 倍，约占太阳系总质量的 99.86%，不愧是太阳系的中心。

太阳的平均密度大约为 1.4 克/立方厘米，大约是地球密度的 0.26，不过，太阳表面的吸引力却很大，相当于地球引力的 28 倍。一个体重为 50 千克的人在太阳上将重达 1 400 千克。

悄悄告诉你

15

为什么太阳会
从东方升起呀？

每天清晨，太阳从东方慢慢升起，或许你会问，太阳怎么天天从东方升起呀？

这是地球"自西向东"自转造成的。生活在地球上的人们，往往感觉不到地球的这种自转，而是感到所有的天体都是围绕着地球"自东向西"转。地球自西向东自转一周，地球上的人以地球为参照物，就觉得是太阳等天体自东向西绕地球转了一周，所以总是看到太阳从东方升起，到西方落下，实际却是"地球迎着太阳向东方转去"。

值得说明的一点是，地球在自转的同时还在进行公转，而公转又引起了季节变化，同时也决定着太阳是不是从正东方升起。

中国处在北半球，夏季时太阳移至北回归线附近，所以地处北回归线上的人看到的太阳就是从正东方升起，而往南至接近赤道地区的人看到的太阳却是从东北方升起的。比如，居住在我国黑龙江省的人们，就不会看到太阳从正东方升起，而是从东南方向升起，所谓的北回归线是地球上北温带与热带的分界线，也就是北纬 23° 26′ 的纬线圈。黑龙江省位于中国东北部，是中国位置最北、纬度最高的省份，东西跨 14 个经度，南北跨 10 个纬度。因为太阳是在北回归线和南回归线之间移动，最北也就到北回归线，到不了黑龙江省。

地球自转的周期是一个恒星日，目前为 23 时 56 分 4 秒。地球如果没有自转，就不会出现白天和黑夜。地球公转一周约需 365 日 5 时 48 分 46 秒。如果一年按 365 天安排，四年就会多出 23 时 15 分 4 秒。

太阳还能存在多少岁？

同其他事物一样，太阳也是有始有终的。那么，太阳是怎么诞生的，又会在什么时候完成生命周期呢？

太阳从诞生到现在已经度过了 50 亿年的光阴，此时正值太阳的"中年"时期。它的氢燃料在耗尽之前，它还有大约 50 亿年的发光期。

根据什么说太阳已经到了"中年"呢？这是利用放射性定年法测定的。什么是放射性定年法呢？所谓放射性定年法，就是利用放射性元素衰变的原理来反推放射性元素存在的时间。利用这种方法，人们推测出了太阳的大致年龄。

太阳正处于"中年"，会逐渐走向"老年"。太阳以氢元素的同位素氚作为燃料，不断燃烧，从而成为一颗红巨星。根据推算，有一天它将比现在亮 1 000 倍，体积则大 500 倍左右。再往后，它将收缩成一颗跟地球差不多大小的白矮星。再然后，它会逐渐冷却，变成一颗既冷又暗的天体，即黑矮星，完全不再发光发热了。

生老病死本来就是大自然的普遍规律，不以人的意志为转移，太阳也必须经历这个过程。

17

早、中、晚太阳与
我们的**距离**一样吗？

　　早、晚太阳在地平线附近的时候，看起来比中午前后时要大一些，有些小朋友可能就认为，早、晚时太阳距离我们近一些，中午时太阳距离我们要远一些。事情真是这样吗？

　　太阳从地平线附近升起时看起来要大些，其实是由我们视觉错误造成的。实际上，太阳的大小并没有发生任何变化。

　　我们知道地球不仅在自转，同时还在进行公转。我们可以从自转和公转这两个方面来考虑上面的问题。

　　从自转的角度来看，早、晚的太阳距离我们要比中午时远一些——与我们所想的恰好相反。远多少呢？大约是一个地球的半径大小，地球的半径大约是 6 371 千米。

　　地球在自转的同时，还要围绕太阳转圈子，这是地球的公转。严格来说，地球围绕太阳公转的轨道是一个椭圆形。每年 1 月初，地球会转到椭圆轨道的近日点附近，也就是地球与太阳之间的最近距离。从这时算起，地球与太阳之间的距离会逐渐增大，直到每年 7 月初为止，也就是地球转到椭圆轨道的远日点附近，地球与太阳之间的距离最远。当地

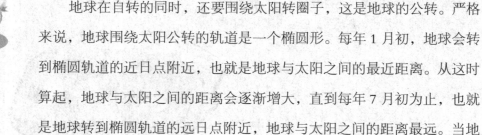

球转过椭圆轨道的远日点之后，地球与太阳之间的距离又会逐渐缩小，直到下一年的 1 月初，也就是椭圆轨道的近日点附近。周而复始，如此循环。

这样，如果把地球的自转和公转一起考虑的话，太阳在早晨、中午和傍晚时与地球之间的距离是不一样的。有时，早晨的太阳离地球比中午时近些，而中午的太阳又比傍晚时近些；有时，早晨的太阳离地球比中午时远些，可是中午的太阳又比傍晚时远些。这样看来，在早、中、晚三段时间内，太阳与地球的距离是在不断变化着的，即便是在早、晚，距离也不是一样的。

科学原来如此

从地球到太阳有多少距离呀？

悄悄告诉你

地球到太阳的距离可远着呢，是地球和月球之间的距离的400倍，约有15 000万千米。一束太阳光从太阳出发，照到地球上需要8分19秒的时间。这里涉及到光所走的路程问题，也就是光年的问题。

你知道火箭、喷气式飞机、火车和步行需要走多久才能从地球到达太阳呢？

这可是个有趣的问题。火箭大约需要350天；喷气式飞机大约需要17年；火车需要86年；人假如可以不老、不死，大约需要不停地走4 300年才能从地球走到太阳。

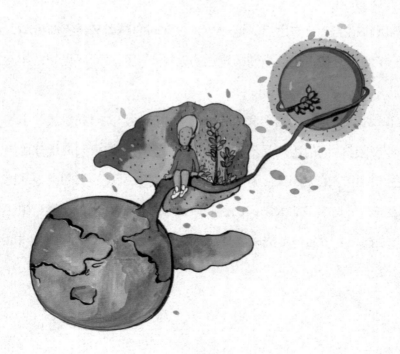

太阳刚升起和西落时为什么是红的？

有一句俗话叫"日出东方红似火"，说明初升的太阳是红色的。你知道这是为什么吗？

其实，太阳光不是红色的，它是由红、橙、黄、绿、蓝、靛、紫这七种颜色组成的。当这七种颜色一齐射向地球时，我们看到的太阳就是黄白色的。

早、晚的太阳看起来是红色的，那是因为这七种单色光中，只有红色光或者部分橙色光到达了我们的眼睛。至于其余的那些单色光，它们去哪里了？

21

地球周围空气层的厚度有几千千米。虽然它看起来是清澈透明的，但其中却飘浮着许许多多的小水滴、灰尘等杂质，这些杂质大部分都很小，小到我们难以用眼睛看到它们的尊容。当太阳光穿过天空，遇到这些杂质时，有些颜色的光被杂质挡住，散开了；有些颜色的光拐了弯，向别的地方射去了；只有红、橙色的光不受干扰，可以直射到地球上来。

再加上早、晚的太阳光是斜着射到地面上来的，其穿过的大气层厚

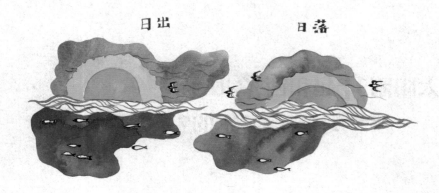

日出　　　　日落

度要比中午时厚得多，中间遇到的杂质自然也多了，一路上其他颜色的光都被这些杂质"挡驾"了，只有红、橙色光跑得最远，射到地面上，传到我们的眼睛里。所以，我们在早晨和晚上看到的太阳是红色的。

拍拍脑袋想一想

你见过绿色的太阳吗？

22

悄悄告诉你

我们知道太阳是由七色光组成的，地球大气对太阳光有折射作用，而这种折射作用在太阳越接近地平线的时候越厉害。当太阳的绝大部分都在地平线以下时，这种折射作用就会达到顶点。此时，地平线上所露出的那一小部分太阳的光线实际上已经被分解成单色光了。

在一般情况下，前面我们已经提到过，因为散射原因，太阳光到达地平线附近时看上去是红橙色的。

可还有一种特殊情况，也就是空气的透明度比较高时，可能只有极

绿色

23

　　易遭到大气分子散射的紫光、靛光、蓝光会被散射掉，此时我们或许能看到太阳边缘处闪现出绿光或淡青色的光。耀眼的绿光色彩十分鲜艳，却不过是昙花一现，只能维持 1 秒钟左右，所以人们又称其为"绿色闪光"。闪光出现时，好像太阳都被染成绿色了，人们就会认为太阳是绿色的。

　　还有一点应该强调，并不是每个日出或日落都能观察到太阳的绿色闪光。仅仅在一部分太阳还在地平线上，而天空又非常洁净，透明度很高，并且地平线上又没有任何阻挡视线的物体时，我们才有可能看到太阳的绿色闪光。科学家发现，在海上观察到绿色闪光的机会要更多些。

太阳那么亮，怎么会有黑子呢？

提到太阳，大家会马上想到光辉夺目的阳光。太阳那么亮，怎么会有"黑子"呢？难道太阳上还有发黑的地方吗？

小朋友，先不要急于下结论呀。首先，我们要搞清楚什么是太阳黑子。

太阳黑子是在太阳的光球层上发生的一种太阳活动，是太阳活动中最基本、最明显的活动现象。研究表明，太阳黑子的活动至少已经持续了数亿年。

在太阳的光球层 (光球层位于太阳的最底层，上面一层是色球层，而色球层上则是最外面的日冕层) 上，有一些漩涡状的气流，像是一个浅盘，中间向下凹形成盘底，这些漩涡状气流就是太阳黑子。黑子本身并不黑，之所以称它为黑子，是因为比起更亮的光球来，它的温度要低 $1000℃ \sim 2000℃$，在更加明亮的光球衬托下，它就成为看起来更暗黑些的黑子了。不过，这里的温度虽然比周围要低些，但大约也有 $4500℃$。

24

$4500℃$还算低吗？拿它与我们地球上相关的温度比一比，就有结论了。我们所使用的白炽灯灯泡，其内的电阻丝是用钨丝来做的，它熔化的温度可达 $3400℃$ 以上的高温，这在地球上已经算得上是极限了。可拿它与这 $4500℃$ 的温度一比，就显得逊色许多了。

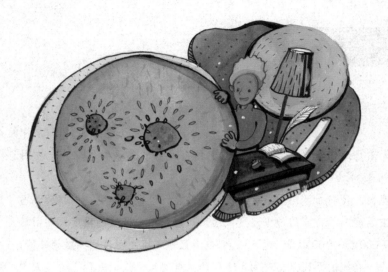

　　但太阳表面的温度还更高，高达6 000℃，比太阳黑子还要高出
1 500℃。这些温度越高的地方，看上去就越加明亮。太阳黑子区域在它
们的衬托下，就显得暗淡多了，看起来就像是一块黑色的斑点，所以才
被形象地称为"太阳黑子"。太阳黑子很少单独活动。在光球层局部区
域会成群出现的黑子，就是黑子群。

　　黑子的形成周期比较短，形成后短到几天，长到几个月就会消失，
新的黑子又会重新产生。当大黑子群数量显著增多时，就预示着太阳上
将有剧烈的变化。经常对太阳黑子进行观察的人会发现，太阳上大大小
小的黑子，使得它成了"麻脸公公"。

　　天文学家把太阳黑子最多的年份称为"太阳活动峰年"，太阳黑子
最少的年份称为"太阳活动谷年"。

拍拍脑袋想一想

太阳黑子对地球有什么影响吗？

太阳是地球上光和热的源泉，它的一举一动都会对地球产生各种各样的影响。

现在，我们知道，太阳表面温度虽然高，但也不是完全一样的，有的地方温度高些，有的地方温度低些。当太阳中心区域的温度比周围区域低1000℃～2000℃时，远远看去，这个区域要比周围区域亮度稍暗些，就像一个光亮的圆面上出现大小不同的黑色斑点，人们就称它为"太阳黑子"。太阳黑子的变化也是比较有规律的，一般约每11年为一个周期。太阳黑子跟地球也有着千丝万缕的联系呢。

悄悄告诉你

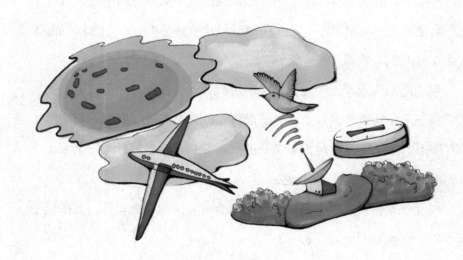

当太阳上有大量黑子出现时，地球上的指南针会处于乱摆状态，不能正确地指示方向；平时很善于识别方向的信鸽会迷失方向；一些无线电或电磁波通讯也会受到不同程度的影响。

太阳黑子的出现，还会引起地球上某些气候发生相应的变化。黑子多的时候，地球上的气候会变得干燥，农业会获得丰收；黑子少的时候，地球上的气候会变得潮湿，引起暴雨等自然灾害。

植物学家也发现，树木的生长情况与太阳黑子也有关系，黑子多的年份树木生长得快，黑子少的年份就生长得慢。

更有趣的是，太阳黑子数目的变化甚至还会影响到我们的身体变化，黑子增多，人体血液中白细胞数目会增加。在太阳黑子活动的高峰期，人容易患病，这是因为太阳黑子的出现，会导致生物的遗传物质发生改变，引起变异；还会为传染病的流行创造一些有利条件。

空中会有
多个太阳吗?

天上只有一个太阳，怎么会有多个呢?

太阳是太阳系中唯一的恒星。恒星并不是平均分布在宇宙中的，多数恒星会受彼此引力的影响，形成聚星系统，如双星系、三恒星系，甚至是具有三颗以上恒星的聚星系，以及由数以亿计的恒星组成的恒星集团。银河系中的星系多为单星系或双星系，聚星系并不常见。

一般来说，我们只能在空中看到一个太阳，可在历史上却也有"三日贯天""五日并出"、"4个太阳"、"太阳打架"的奇观记载。

其实，这些都是一种罕见的天象，可却常被缺乏科学知识的人蒙上迷信的色彩，认为这种天象一出现就意味着灾祸的降临，如瘟疫爆发、饥荒来袭和战争来临等。

12世纪时，俄罗斯民族和波洛维民族曾经发生过战争。战争期间的某一天,薄云遮盖的天空中突然出现了4个太阳,将士一看到这种奇景，便惊恐地说："大祸就要临头了"！大家哪里还有打仗的劲头，撒腿四处逃走了。

1551 年 4 月，在被瑞典的卡尔五世的军队围困了将近一年之久后，德国的马德堡城中已经弹尽粮绝，处境十分危险。这天下午，被围困的城市上空突然出现了 3 个太阳。这大大出乎人们的意料，围城的士兵惊恐万状，认为这是天意的预兆，是上帝要亲自保卫这个城市。卡尔五世十分迷信，马上下令撤走军队，解除了对这个城市的包围。

不仅历史上有许多关于多个太阳的记载，近些年也有出现呢。

1983 年的春节期间，我国安徽大别山的金寨县毛河等地的人们观察到，在东方的地平线上，有好几颗初升的太阳忽上忽下，忽左忽右，如同松鼠一般跳跃不停，像是"太阳在打架"。这一自然景观，在周围几十里地引起了轰动。从大年初一到初三，每天清晨，人们扶老携幼，

成群结队爬山登岗去观看这一壮观的景象。

1985 年 1 月 3 日 11 时左右，黑龙江省绥化市上空出现了"五日并出"的景观。这一天，绥化市被一层轻纱薄雾笼罩着，将近 11 时奇景出现了：太阳光盘变成了火红色，边缘呈金黄色，太阳周围出现了一个 46 度的晕和一个时隐时现的 22 度的晕，太阳两侧各增加了 2 个"小太阳"，一个白色的大光圆圈把 4 个小太阳穿了起来。4 个"小太阳"非常明亮，就像一条项链镶嵌着 4 颗宝珠。在 22 度晕和 46 度晕的北部，还各有一个色彩缤纷的光弧，两弧都是内蓝外红，光辉夺目。

晕，实际上是民间所说的"风圈"，它是由太阳光或月光在云中冰晶上发生反射和折射而形成的。在距离地面六七千米以上的高空，有一种大都呈六角形柱体的小冰晶组成的乳白色纱缕状薄云，学名叫"卷层云"。当小冰晶在空中排列混乱时，阳光或月光从六角形的一个侧面射入，而从另一个侧面折射出来，就像透过三棱镜一般，在太阳或月亮周围形成一个彩色的光环。如果冰晶对日、月只起反射作用，就形成了一个白色的光环，出现"三日贯天""五日贯天"或"三月贯天""五月贯天"的现象。

当天空中出现"4 个太阳"的天象时，其实只有中间那个或最亮的那个太阳是真的，其余都是假日。

那么，假太阳是怎样形成的呢？

当空中悬浮着的六角形柱体小冰晶有规则排列时，光线从一个侧面射入，而从另一个侧面射出，就产生两个假日。

平时，空中的冰晶呈不规则排列因而反射不出太阳的影像，不会出现天象奇观；如果冰晶在空中排列得比较规则，就会反射出太阳的影像，出现"三日贯天""五日并出"的景观或"4个太阳"的奇景。只是，高空中的冰晶有规则排列的机会极为罕见，因而数日贯天的天象也就很不容易见到。

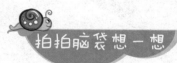

太阳风是怎么回事？

31

大家或许以为太阳也像地球一样，也会刮风。要不怎么会提到太阳风呢？

太阳大气层的最外层，其厚度可以达到几百万千米，这部分叫日冕。这里的温度不但可高达1 000 000℃，而且粒子密度高。

所谓的太阳风，不是指太阳上面所刮的和陆地一样的风，而是指从太阳大气最外层的日冕向空间持续抛射出来的物质粒子流，这与地球上的风是完全不同的。太阳风是向空间抛射出来的粒子流，其主要成分是氢离子和氦粒子。

太阳风可以分为两种，一种为"持续太阳风"，一种是"扰动太阳风"。"持续太阳风"是粒子流持续不断地辐射出来，速度较小，粒子含量也较少。"扰动太阳风"是在太阳活动时辐射出来的，速度较大，所含有的粒子也较多。需要说明的是，这种太阳风对地球的影响很大，当它光顾地球时，往往会引起很大的磁暴与强烈的极光，同时还会发生大气电离层骚扰。

天上的**星星**真是
五角形的吗？

33

我们在看一些涉及天文学的书籍时常常会发现，天上的星星都被画成了五角形。那么，天上的星星都是五角形的吗？

实际上，真正的星星都不是五角形的，而是球体或类球体。

我们看到的天上的星星，包括了恒星、行星、流星、彗星、卫星等星体。我们之所以能看到它们，是因为它们发出的光、反射的光或者与地球大气摩擦产生火焰的光，通过我们眼睛在视网膜成像，再通过视神经传到大脑皮层的视觉中枢，从而使我们形成视觉。

再看星星的外表，从宏观上来看是光滑的，接近球体的形状，是没有棱角的。我们肉眼看到的星星之所以是"米字"或"十字形"的，那是由于星星发出的光在经过大气层时发生了散射和折射，加上人眼本身带有轻微或比较大的散射造成的。

夜晚，我们常看见天空上的星星一闪一闪的，像人在眨眼睛似的，这是大气玩的把戏。原来，地球周围包裹着一层厚厚的空气层，空气层里有湿润的热空气，又有干燥的冷空气。在压力作用下，热空气不断上升，

冷空气不断下降，如此上上下下不停歇地循环，光线在透过大气层时也不断发生变化。所以，当人们透过这层动荡不定的大气层看远处的星星，就感觉到星星在不停地晃动，像人在眨眼睛似的，闪烁着光芒。

人们把看到的各种星星的形状称为星形，如四角星形、五角星形、六角星形都很常见。而五角星常被用在多国国旗、军旗的图案上，成为人们生活中最常见的星形，所以人们常常把星星画成五角形的。

34

白天的星星都跑到哪里去了？

我们在大白天要看星星，怎么就看不到呢？星星到了白天都跑去哪里了？

你可不要冤枉星星呀，它们压根就没有跑。实际上，天上的星星一年365天都是乖乖地待在天上的，而且从早到晚闪烁个不停，只是我们白天见不到它们而已。

你或许会觉得奇怪！那我们白天为什么见不到星星呢？

这是因为，白天部分阳光被大气中的气体和尘埃散射，把天空照得十分明亮，再加上太阳辐射的光线也非常强烈，在这样的环境下，我们当然看不出星星来了。

如果你非要在白天看星星的话，可以利用天文望远镜来观察。你或许又会好奇了，天文望远镜为什么就能看到星星呢？

原来，天文望远镜的筒壁把大部分散射在大气里的阳光都给挡住了，看上去一片漆黑；第二，望远镜的光学性能使得天空的背景相对黯淡下去，反倒是恒星看上去更加亮了。这样，我们就可以用天文望远镜看到星星了。

美中不足的是，用天文望远镜在白天观看星星并不十分容易，尤其是那些亮度不够的星星。但可以肯定的是，我们还是能够在白天看到星星的。

35

星星会不会从
天上掉下来？

晴朗的夜空，当我们看到美丽的星星闪烁时，或许会问，星星会不会从天上掉下来，砸到我们的头上来呢？

天上的星星可以分为两类，一类是天体，包括太阳、月亮、彗星等；另一类是人造天体，如神舟七号、国际空间站等。天上的星星一般是会发光的天体，它们距离我们十分遥远，最近的要算半人马座比邻星，离我们也有4.2光年之遥，不要小看这4.2，那是光年，要知道光1秒走30万千米，一年走过的长度称为一光年，以现在人类化学剂推进的航天设备，要走很多年，才能到达半人马座比邻星。大家可能会这样想，我们的天空中有那么多星星，它们会不会掉下来呀？

小朋友们倒没必要为此而感到担心。任何两个物体之间都有一种互相吸引的力，这种力被称为万有引力，宇宙中不同方向的万有引力是平衡的。所以，地球、太阳和其他星星才能沿着各自的轨道运行，井水不犯河水，谁也不会把谁吸引过去，处于相对平衡的状态，当然，星星也就不会掉下来了。况且，星星的运行有自己的轨道，它们会按照各自的轨道运转，星星当然不会掉下来。

每个晴朗的夜晚，天空中都会出现数不清的星星。科学家测量出它

36

们的个儿很庞大，有许多星星比地球、太阳还要大。它们与地球之间的距离很远，所受的吸引力更是很弱，地球引力不足以使它们受到影响。所以星星不会从天上掉下来，不要杞人忧天。

不过，天空中还有许多大小不一的物体在空气中游荡，当它们路过或掠过地球时，可能会受到地球引力的影响而被俘获。它们穿越大气层时，速度非常快，会与空气产生剧烈摩擦，从而燃烧起来。这些物体有的在落到地球上之前就燃烧完了；有的则直至落到地球时还没有燃烧完，落到地球上的成为陨石。

拍拍脑袋想一想

流星和流星雨是怎么回事？

悄悄告诉你

在太阳系中，除了八大行星和它们的卫星，以及彗星、小行星外，还有一些更小的天体与尘粒，我们把这些叫做流星体。流星体的体积虽小，但它们和九大行星一样，围绕着太阳公转。

如果这些小天体与尘粒有机会能以每秒几十千米的速度闯入地球大气层，与地球大气发生剧烈摩擦，就会发出光和热，这就是我们经常看到的流星。

一般流星体只是小而暗的固体和尘粒。许多流星体密集成群，沿着同一个轨道绕地球公转。当地球接近流星体轨道并与它们相遇时，由于地球的引力作用，流星体便能以极高的速度进入地球的大气层。流星体高速坠落时，与空气发生摩擦产生高温，在距离地球表面大约100千米的高空中燃烧，发出耀眼的光芒，最后化为灰烬。这些几乎是在一瞬间完成的，所以这种瞬间发光的光迹被人们称为"流星现象"。科学家

估计，每年降落到地球上的流星物质总量大约在 10 万吨以上。

流星雨是一种成群的流星，是一种特殊的天文现象。流星雨的规模大小差别很大。有时在一小时中只出现几颗流星，但它们看起来都是从同一个辐射点"流出"的，这被称为流星雨；有时在短短的时间里，在同一辐射点中能迸发出成千上万颗流星，就像节日中人们燃放的礼花那样壮观。当每小时出现的流星数超过 1 000 颗时，就称为"流星暴雨"。

流星雨看上去十分壮观。1833 年 11 月 13 日夜晚，美国波士顿地区的人们有幸见证了一场神奇的流星雨。他们看见，漆黑的夜空中，流星像雪花一般纷纷坠落，成千上万的流星不停地射向四面八方，场面十分壮观，令人惊叹。但是，这种规模盛大的流星雨一般并不多见。

一个流星群里的流星体，尤其是密集区内的流星体，其数量毕竟是有限的。经过一段时间后，由于流星体物质的不断损失，流星雨的规模也就有所减弱，或者密集区的流星体已经分散到整个轨道上去，大规模的流星雨也会销声匿迹了。

天上真会掉下大石头来吗？

天上掉下大石头？这听起来像是天方夜谭，可实际上还真有这样的事情。

这到底是怎么回事呢？

天上掉下的大石头，大一些的重一吨到几十吨，小的则有几十千克甚至几十克的，甚至还有更小的。实际上，这就是流星。一提到流星，小朋友可能马上想到星星，认为流星是天上的星星。小朋友或许还会问，星星怎么会掉下来呀？

其实，流星不是天上的星星。星星和星星之间有许多大小不一的石块、铁块和尘埃，它们也在围绕着太阳转，有自己的运行轨道。由于某种原因，它们脱离了原来的轨道，同时又受到了地球引力的吸引，就会朝地球飞来，并最终落在地球上。它们在下落的过程中，速度很快，和大气层发生摩擦，产生高温高热，燃烧并发出光芒，从天际划过。如果流星小，在下落过程中会被燃烧尽；如果流星比较大，当落到地面还没燃烧殆尽的话，就会在地面留下像石头一样的陨石了。

陨石又被称为"天外来客"。如果陨石在空中爆炸，石块会像下雨一样落到地面，这种现象便叫陨石雨。天上掉石头，不光过去有，现在还有。

1976年3月8日，中国吉林发生了一次历史上罕见的陨石坠落事件。

2012年2月11日，青海西宁市湟中县发生大型陨石雨，几百块陨石从天而降，最大的达到12.5千克。其陨石之大、数量之多，超过1997年2月15日山东出现的鄄城陨石雨，仅次于1976年3月8日出现在吉林的陨石雨。

俄罗斯当地时间2013年2月15日9时23分，一颗火流星穿过大气层后，在三四十千米的高空发生爆炸。据当时看见的群众形容，一个发着太阳般刺目光亮的火红球体，拖着燃烧的尾巴，冒着浓烈的白烟，坠落在俄罗斯车里亚宾斯克州。陨石爆炸形成的冲击波，从高空俯冲下来，摧毁了地面上大量的建筑玻璃，碎裂的玻璃碎片导致1000多人受伤，其中包括80多名儿童。

陨石的坠落地没有一定的范围，更没有规律可循。它们有的落到海洋里，有的落到沙漠里，有的落到森林里，有的则落到崇山峻岭里或人迹罕见的地方。

41

陨石是天外来客吗？

悄悄告诉你

前面我们已经讲过陨石了。根据成分的不同，陨石大致可分为石陨石、铁陨石、石铁陨石三大类。

石陨石也叫陨石，平均密度为3～3.5克/立方厘米，主要成分是硅酸盐矿物和铁粒等物质。这种陨石的数目最多。

铁陨石也叫陨铁，密度为8～8.5克/立方厘米，一般由金属铁和镍组成，铁占绝大部分。

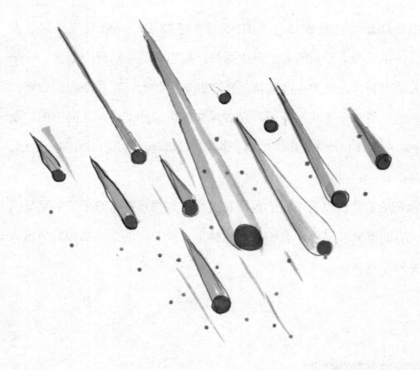

石铁陨石也叫陨铁石，密度为 5.5～6.0 克 / 立方厘米，其中，铁镍与硅酸盐大致各占一半。这类陨石较少。

陨石是地球以外的宇宙流星脱离原有运行轨道或成碎块散落到地球上的石体，它是人类直接认识太阳系各星体珍贵稀有的实物标本，有着重要的收藏价值。

陨石是非常珍贵的天体标本，是"上天"送上门来的特殊礼物。特大陨石坠落地球并不是好事。它除了伤害生物之外，还会留下经久不散的烟云，使地球气候发生变化。

陨石的主要价值在于科学研究，其次是收藏鉴赏。陨石的稀有程度决定了它的科研价值和收藏价值。当人们认识到陨石的文化价值和市场价值时，陨石的实际价值会大幅度增长。

数一数，天上到底 有多少颗星星？

43

晴朗的夜晚，满天的星星闪烁着光芒，让人感叹这星空的广袤。可你是否知道，这满天繁星，到底有多少颗呢？

天文学家把天空中的星星，按照区域划分为 88 个星座。星座是指天上一群群的恒星组合。自从古代以来，人们便把成群的恒星与神话中的人物或器具联系起来，称之为"星座"。

在 88 个星座中，北部天空以天球赤道为界，一共有 29 个星座；南部天空有 46 个星座，跨天球赤道南北的有 13 个星座。只要我们有耐心，数完一个星座里面的星星，再数下一个星座，是可以数清用肉眼能看得见的星星的。天文学家按照亮度的不同，给星星划分了等级：最亮的是 1 等星，而把正常人眼勉强能够看到的暗星定为 6 等星，其间依次分为 2 等星、3 等星、4 等星和 5 等星。根据科学家的统计，0 等星有 6 颗，1 等星有 14 颗，2 等星有 46 颗，3 等星有 134 颗，4 等星有 458 颗，5 等星有 1 476 颗，6 等星有 4 840 颗……总共是 6 874 颗。

用我们的肉眼仰望星空，对星星进行观测，能看到约 7 000 颗星，

但真正看起来远远没有这些，这是因为地球是圆的，不论我们站在地球上的什么位置，都只能看到半个天空，而且靠近地平线的星星，会因地球大气层的影响，不太容易被发现。难怪，我们用肉眼实际上只能看到大约3 000颗星。

如果我们借助望远镜观察，所观察到的星星数目就会猛增。用一台普通的小型天文望远镜观察星星，大约可以看到5万颗星星。现代最大的天文望远镜可以看到10亿颗以上的星星。

应该说明的是，天上星星的数目远远不止这些。这是因为宇宙是无穷无尽的，现代天文学家所看到的，只不过是宇宙很小的一部分，相当于沧海一粟而已。

为什么有永远升不起和永不落下的星星？

太阳有升有落，许多星星也"有升有落"，但并不是所有的星星都有东升西落的变化。这是怎么回事呢？

在我们看来，有些星星是永不升起的，而有些星星则是永不落下的。我们常见到的北斗星，它围绕着北极星运转，无论如何都不会落到地平线以下；而在南天最亮的老人星，却隐藏在地平线以下，在天空中无法找到它的踪影，属于永远升不起来的星星。那么，如何解释这种现象呢？

我们知道，地球是一个球体，因此我们可以将星空想象成一个硕大无比的罩在地球外的空心天球，以此来理解地球和星星之间的关系。在地球北半球的观察者看来，所有的星星都是围绕着天球的北极转动的；而对于处在南半球的观察者来说，看到的星星又都围绕着天球的南极转动的。

当地球自转时，星星东升西落，在天空中划出的轨迹是一道道互相平行的圆圈。我们把这些圆圈叫做"周日平行圈"。假如我们在北京观星，北京的地理位置近北纬 40°，而天球北极点在地平线上方的仰角大约也是 40°，所以在北极星周围 40° 以内的所有星星，划出的周日平行圈全部在地平线之上。而离北极星较远的星划出的周日平行圈，有的在地平线之上，有的在地平线之下。这样，处在南天空的星星划出的周日平行圈大多在地平线以下，我们也就永远看不到它们的东升西落了。实际上，这些我们看不到的星星并非不存在，只是不在我们视野范围之内罢了。

45

天上星星的位置
随时会变化吗?

明亮的夜晚，我们可以看到满天繁星。如果你经常观察星星，你会惊奇地发现，星空中相对位置不变的星星，其位置竟发生了变化。这是怎么回事呢?

通常情况下，我们用肉眼来观察星星，星空中星星的相对位置是不变的，但实际上星空的整体位置却在缓慢地不断变化着，只是看上去不怎么明显。如果你仔细观察，就会发现所有的星星都围绕着北极星运转，运转的周期与昼夜周期十分接近，但并不完全一致。如果今晚 10 时在正南方看到天狼星，那么第二天晚上 9 时 56 分左右我们会在同一位置看到天狼星。要是在 1 年之后再在同一个位置观察到天狼星，则要提前24 小时才行。

星星位置的变化，是地球自转和公转造成的。

地球需要自转，需要一日自西向东绕轴自转一周。具体说来，地球自转一周的时间是 23 时 56 分 4 秒。当地球自转时，居住在地球上的人也跟着转动，不过，我们并没有感觉到是地球在转动，而是感觉到星星在由东向西转动，因此，我们看到的是星空背景的逐步变化。地球在自转的同时还围绕着太阳转动，在绕太阳公转的轨道上，地球所处位置不

同，我们看到的星空也就不同。地球的公转和自转合在一起，就使我们看到的星星每天提前 4 分钟出现在天空的相同位置上。

　　我们晚上看星星，除了会看到星星每天围绕着地球由东向西转动一周外，还会发现每一颗星从地平面升起的时间，都要比前一天提早 4 分钟，因此，我们在同一位置看到的同一颗星星，它的位置是不一样的。你会惊奇地发现，星座的位置逐渐向西边移去了。例如，著名的猎户座，12 月份的黄昏是从东方慢慢升起的；3 个月之后的黄昏，它却已经在南方的天空中闪烁；可是到了春季快要结束的时候，它已经随着太阳同时西落了。

应该说明的是，星星也有两种运动现象，一种是由地球自转引起的运动，会使星星出现东升西落的现象；另一种是由地球公转引起的运动，会使星座随着季节有出没隐现的现象。

由此我们知道了，天上星星的位置的确会随着季节变化而变化，也会随着时间东升西落，但是全天的星空是不变的，只不过每一个特定时刻我们只是看到了全天星空的一部分。

夏天晚上看到的星星为什么比冬天多？

只要你留心观察就会发现，夏天的夜晚比冬天的夜晚可以观察到更多的星星。同一片天空，怎么会出现两种不同的情况呢？

我们所看到的星星大都是银河系里的星星。整个银河系里有多达上亿颗星星。它们大致分布在"圆形饼"里，这个"圆形饼"的中央比边缘厚一些。光线从"圆形饼"的一端跑到另一端需要 10 万年的时间，从"圆形饼"的上面跑到下面也要 1 万年的时间。

我们所看到的星星几乎都是银河系里的天体。假如太阳系位于银河系的中心，那我们不论往哪个方向看，所看到的星星都不会相差太多。但是，太阳系是处在距离银河中心约 3 万光年的地方，所以当我们朝不同方向看时，所看到的星星数量就会有所不同。当我们向银河系方向看时，可以看到银河系恒星密集的中心和大部分银河系星体，这样看到的

星星就会多些；如果向相反的方向看，看到的就只是银河系一小部分边
缘的星星。

　　而且，地球不停地绕着太阳转动。以北半球为例，当地球转到远
日点，即进入北半球夏季时，地球正好转到了太阳和银河系中心之
间。巧合的是，银河系的主要部分银河带，正好是在傍晚时间出现
在我们的天空，而且是在靠近地平线的地方出现，所以很容易就能
看到许多星星。应该指出的是，除夏季外的其他季节里，恒星最多、
最密集的地方，不是在白天，就是在清晨或者黄昏，它们通常出现
在天空中央。这些情况下，人们就很难看到更多的星星了。

　　所以，人们在夏天的晚上看到的星星要比冬天晚上看到的多。

星与星之间是
一片真空吗?

　　仰望天空时,你或许会想,在这浩瀚的太空中,在星与星之间,会不会有别的物质?

　　这确实是一个非常有趣的问题。

　　严格说来,太空中星体与星体之间不是真空,是有物质的,这样的物质我们把它叫星际物质。

　　那么,什么是星际物质呢?

所谓的星际物质，也好理解，就是那些存在于星体与星体之间的各种物质的总称。星际物质包括飘浮着的非常稀薄的气体和宇宙尘埃等。

恒星与恒星之间的星际物质，包括星际气体、星际尘埃和各种各样的星际云，还包括星际磁场和宇宙线。星际物质的总质量很小，大约占银河系总质量的 1%。

如果以地球为判断标准的话，星际物质是极度稀薄的等离子、气体和尘埃，是离子、原子、分子、尘埃、电磁辐射、宇宙射线和磁场的混合体。整个星际空间中，气体占 99%，而尘埃仅占 1%。

行星是怎么形成的？

在一个恒星的周围，可能聚集了许多宇宙灰尘，这些宇宙灰尘之间相互碰撞，互相吸引，从而粘到了一起。

长期以来，宇宙空间出现了大量的行星胚，叫做星子。星子之间的相互作用，有这样的规律：两个星子如果大小差距比较大，而且彼此运转的速度也不大，碰撞之后，小星子就会被大星子吸引过来，而被"吃掉"。这样，大的星子就会越聚集越大。如果两个星子大小差不多，彼此运转的速度都很大，它们高速碰撞后就会四分五裂，形成许许多多的小块，而后，这些小块又陆续被大星子"吃掉"。如此循环，相对来说宇宙空间中星子会越来越少。大行星就是当时比较大的星子，无数小行星就是当时互相吞并时期没有被"吃掉"的小星子。

悄悄告诉你

当较大的星子与其他星子发生的碰撞越来越少时，星子的表面逐渐冷却，形成了坚实的壳，一颗行星最终就形成了。小朋友们，你们弄明白了吗？

天空的**星星**为什么 会出现**不同**的颜色？

小朋友如果注意观察，就会发现天空中的星星有着不同的颜色，有红色的，白色的，蓝色的，还有橙色的。

天空中的星星为什么会有不同的颜色呢？

星星的颜色和它们的表面温度有关。因表面的温度不同，其所呈现出来的颜色也就不同。星星表面温度为40000℃～25000℃时，球体看起来就是蓝色的；温度为25000℃～12000℃时，球体看起来就是蓝白色的。星星表面的温度越高，它发出的光中蓝光的成分也就越多，看上去呈蓝白色。星星温度为11500℃～7700℃时，球体就呈白色；温度为7600℃～6100℃时，球体就是黄白色的；温度为6000℃～5000℃时，球体就是黄色的；温度在4900℃～3700℃时，球体就是橙色的；温度在3600℃～2600℃时，球体便是红色的。星星表面的温度越低，它发出的光中红光的成分就越多，看上去就越红。

太阳看上去是黄颜色的，它的表面温度大约是6000℃；天狼星发出白颜色的光，它的温度比太阳高，差不多有10000℃；位于天蝎座的"心宿二"呈红色，它的表面温度不到3600℃。

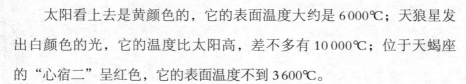

由此我们知道，星星发出的光可是一种信号哦，它不仅可以告诉我们星星的表面温度，还会因为温度的不同而发出不一样颜色的光。

拍拍脑袋想一想

天上的星星为什么有的暗，有的亮？

"一闪一闪亮晶晶，满天都是小星星"，不过，只要我们仔细观察就会发现，有的星星亮，有的星星暗。这是怎么回事呢？

造成星星亮与暗的原因主要有下面几个：一是星星表面的温度差异很大，温度低的只有二三千摄氏度，高的则能达到三四万摄氏度以上。同样大的星星，温度高的会亮一些，温度低的会暗一些；二是星星的体积不同，同样亮度的星星，体积大的一般亮些，体积小的一般就会暗些；三是因为不同的星星与我们的距离不同，在相同的亮度下，离我们距离近的就会亮些，而离我们距离远的就会暗淡一些。

悄悄告诉你

53

水星上真的
有很多水吗？

太阳系中有八大行星，其中离太阳最近的一颗叫水星。听到"水星"这个名字，小朋友或许会浮想联翩，水星上面是不是全都是水呀？

其实，水星上并没有水，那么为什么叫它水星呢？原来呀，水星不过是古代先祖们用五行（金、木、水、火、土）来命名行星的结果，像金星、火星、木星、土星都是以此命名的。

水星表面不仅没有水，还特别干燥，到处是光秃秃的岩石，既没有河流，也没有湖泊，更没有汪洋大海——整颗星球上完全见不到任何水的影子。因为水星离太阳实在太近了，朝向太阳的一面，在烈日的炙烤下，温度可达427℃以上，即使有再多的水，也早就变成水蒸气跑掉了。那背向太阳的一面总应该有水吧？可那一面因常年见不到阳光，温度特别低，最低可达－173℃左右，在这样的低温环境下，液态水根本不可能存在。

水星是太阳系中运动最快的行星。水星公转的平均速度为每秒48千米，公转周期约为88天。由于水星距离太阳太近了，个头又小，人们平时很难看到它的尊容。水星的表面布满大大小小的环形山。水

55

星的半径为 2 440 千米，是地球半径的 38.3%。水星的体积是地球的 5.62%，质量是地球的 0.05 倍。水星内部结构也分为壳、幔、核三层。天文学家推测，水星的外壳是由硅酸盐构成的，其中心有个比月球还大的铁质内核。

水星的自转周期为 58.646 天，自转方向与公转方向相同。由于自转周期与公转周期很接近，所以水星上的一昼夜比水星自转一周的时间要长得多。它的一昼夜为我们的 176 天，白天和黑夜各 88 天。

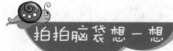
拍拍脑袋想一想

为什么说水星上的一天等于地球上两年?

"天上一天，地上一年"。这是神话故事所说的事情。

你可知道在水星上，"一天"竟是地球上两年吗?

原来，水星在围绕太阳公转的同时，本身也在自转。水星公转一周所需要的时间为地球上的 88 天，自转一周所需要的时间为地球上的 59 天。我们知道地球自转一周，就是我们所说的一天，水星自转的速度比较慢，自转三周大约就是我们所说的一天。科学家经过研究发现，水星自转一周的同时，正好又公转了两周。如果我们按照地球自转一周为一天计算，公转一周为一年的方法计算，水星自转一周是水星的一天，水星公转两周就是水星的两年，所以水星上的一天等于地球上两年。

悄悄告诉你

56

金星上有好多金子吗？

金星是太阳系中的八大行星之一，是距地球最近的行星。它为什么被称为"金星"呢，是因为金星上面有许多金子吗？

当然不是！上文中我们提到，古代人根据五行，也就是金、木、水、火、土来为五大行星命名，实际上金星上并没有金子。

金星古名"太白星"，早晨见于东天，被称为"启明星"；黄昏见于西天，被称为"长庚星"，是夜间最灿烂的头等明星。夜晚，金星像是镶嵌在夜空中的一颗大钻石，因此西方人用罗马神话中爱和美的女神——维纳斯的名字来称呼它。

金星离地球 4 000 万千米左右，它围绕太阳公转的周期是 224.7 天，自转周期是 243 天。金星的自转方向有些特别，是"自东向西"转的。

金星表面的主要特征是地势相当平坦，地表 70% 的地方与平均高度上下相差不到 500 米；20% 是低洼地；还有约 10% 为高原。

金星表面也有高原、峻岭和峡谷，最大的高原伊希塔尔，长 3 200 千米，宽 1 600 千米，比我国的青藏高原还要大。金星上的最高峰是被命名为"麦克斯韦"的山峰，高 11 千米，位于北半球高纬度地区的"伊

希太"高原，它的面积与澳大利亚相当。另一处大高原为阿佛洛狄忒高原，面积与非洲差不多大，长约 9 700 千米，宽约 3 200 千米。

　　金星的表面温度很高。它周围的大气及其云层反射掉大部分的太阳光之后，让其余的阳光通过，到达金星表面进行"烤热"。

　　一般情况下，热辐射本该部分反射到天空。可是，金星大气中存在着大量的二氧化碳，二氧化碳以及大气中的少量水蒸气和少量二氧化硫等，却阻止热辐射扩散出去，于是热量就在金星表面积聚起来，使金星的表面温度达到相当高的程度。

据研究，金星表面的温度在 465℃～485℃之间，并且不随季节、纬度、昼夜等因素的影响而变化，这也就说明了为什么金星上难有生命的存在。

金星的半径约为 6 073 千米，比地球半径小约 300 千米。它的体积是地球的 0.88 倍，质量为地球的 4/5，平均密度略小于地球。

金星是亮度仅次于太阳和月亮的星星。哪怕是白天，它也不会被完全隐没；夜晚，它还能把人和地上的物体照出影子来。

在金星上，为什么
太阳会"西升东落"？

59

金星是太阳系中唯一没有磁场的行星。小朋友们，你们知道吗，金星上太阳可是"西升东落"的，想知道这是怎么回事吗？

原来，这与金星的自转方向有关。金星在自转的同时也在公转。我们大家都知道，地球是自西向东自转的，但金星的自转方向与地球是不同的，是自东向西自转的。所以在金星上看太阳，是"西升东落"。不过，人类是无法站在金星上观赏太阳西升东落的，因为这里的高温高压是人类无法承受的。

悄悄告诉你

你了解木星吗？

木星在古代又被称为"岁星"。因它放射着威严、洁白的光芒，因而古希腊称它为众神之王宙斯。

木星还是天空中最亮的星星之一，其亮度仅次于金星，比最亮的恒星天狼星还亮。

木星是一个扁球体，它的赤道直径约为 142 800 千米，是地球的 11.2 倍；体积则是地球的 1 316 倍；质量是地球的 318 倍。木星的密度很低，平均密度仅为 1.33 克每立方厘米。

木星是太阳系八大行星之一，是八大行星中距离太阳第五远的行星，也是八大行星中的老大——太阳系中最大的一颗行星，它的体积和质量都是最大的。2012 年 2 月 23 日，科学家称发现了两颗木星的新卫星，使得木星的卫星总计达 66 颗。木星的中心温度估计高达 30 500℃。

木星表面有红、褐、白等五彩缤纷的条纹图案，由此可以推测，木星大气中的风向是平行于赤道方向的，不同区域交互吹着西风及东风，这也是木星大气的一项明显特征。木星大气中含有极微量的甲烷、乙炔之类的有机成分，而且伴有打雷现象，生成有机物的概率相当大。

木星表面最大的特征，首推其南半球的大红斑。这一红斑长度为 4 万千米，宽度为 1.3 万千米，颜色有时鲜红，有时候略带棕色或淡玫瑰色。

这个大红斑其实是木星大气层中的一个大漩涡。

木星离太阳比较远，表面温度低达 — 150℃；它由液态氢以及氦所组成的，其核心为一个岩质的核，约有地球的 2 倍大、10 倍重。

木星拥有非常大的磁场，表面磁场的强度超过地球的 10 倍。

拍拍脑袋想一想

木星上的一天有多长？

61

大家知道，地球上一天的时间是 24 小时。木星是太阳系的八大行星之一，那么，木星上一天的时间是多少呢？

天文学家发现，木星在一个椭圆轨道上以每秒 13 千米的速度围绕着太阳公转，它绕太阳公转一周约需 11.86 年， 所以木星的一年大约相当于地球的 12 年。 还有，木星自转速度非常快，是太阳系中自转最快的行星，其中赤道部分的自转周期为 9 小时 50 分 30 秒，两极地区的自转较慢，所以木星上的一天仅为 10 小时左右。

悄悄告诉你

你知道火星上的秘密吗？

火星是太阳系八大行星之一，在西方被称为"战神玛尔斯"，中国古代则称之为"荧惑"。

火星按照距太阳由近到远的次序为第四颗行星，它一出现在天上，人们就可以看到它那淡淡的红色。火星直径约为地球的一半，公转一周约为 687 天，约为地球公转时间的 1 倍，自转一周需要 24 小时 37 分。

火星让人们想到它的炎热与高温，但是实际上火星上异常寒冷和干燥。

火星上也有明显的四季变化，这是它与地球最主要的相似之处。但除此之外，火星与地球相差就很大了。火星表面是一个荒凉的世界，空气中二氧化碳占了 95%，而地球上空气中二氧化碳的浓度仅为 0.03%。火星大气十分稀薄，密度还不到地球大气的 1%，因而根本无法保存热量，导致这里的温度极其低。

火星上最为壮观的特征是位于南半球的大峡谷，其中以"水手谷"最为突出。水手谷由一系列的峡谷组成，绵延 5 000 千米以上，宽 500 千米，深达 6 千米。这样的峡谷是地球上任何峡谷所无法比拟的。

奥林匹斯盾形火山是火星另一壮观的特征，这个口径达 600 千米的大火山口竟比周围地区高出 26 千米，是地球上最高的山峰珠穆朗玛峰的 3 倍多。

火星上还经常起尘暴，规模较小的尘暴是火星上的"常客"，时时都会发生。差不多每个火星年（相当于地球上的 687 天）都会发生一次大规模的尘暴。

大尘暴一般都起始于火星南半球夏至时，此时火星处在近日点，因而温度很高，导致那里的空气运动加强，于是干燥的大气裹挟着尘土开始漫天飞舞。当太阳的照射使风中尘粒的温度不断升高时，这又加剧了它的上升速度，这时风卷尘埃，滚滚而起，大风暴就形成了。如果地面上的风也来聚会，风暴就会更加猛烈，它的势力可以从南半球蔓延到北半球，于是全球性的风暴也就发生了。

火星风暴发生很频繁，一般每年火星的春末夏初之时都会来一场长达几个月的风暴大扫荡。

火星上的红色是怎么回事？

悄悄告诉你

你如果用望远镜观看火星的话，就会发现，火星的表面是红色的。这是怎么回事呢？

这主要是火星自身的原因造成的。因为火星上的岩石、沙土和天空是红色或粉红色的，人们用望远镜观察它时，就会发现火星是红色的世界，所以火星又被人们称为"红色的星球"。值得注意的是，虽然火星从表面上看是红色的，但它与火没有半点瓜葛。

研究发现，火星表面75%的地区是由硅酸褐铁矿及铁氧化物构成的沙漠，火星的红色就是来自于这些铁的氧化物的颜色。

64

你了解天王星吗？

天王星是八大行星之一。天王星每 84 个地球年（即 84×365 天）环绕太阳公转一周，"自东向西"自转，自转周期为 17 时 14 分 24 秒。天王星与太阳的平均距离大约为 30 亿千米，阳光的强度只有地球的 1/400，表面温度约为－180℃。另外，天王星有磁场、光环和 27 颗卫星。

天王星是英国天文学家赫歇耳在 1781 年用天文望远镜发现的，这也是人类利用望远镜所发现的第一颗行星。

65

天王星是第一颗在现代发现的行星，虽然它的光度与五颗传统行星差不多，亮度是肉眼可见的，但由于较为暗淡，所以没有被先人发现。

天王星上同地球上一样，也有四季。地球绕太阳公转的同时进行着自转，在这一系列的活动中，自转轴所指方向不变。天王星和地球一样，在绕太阳公转时，自转轴的方向也不变，于是便和地球一样有了四季。

天王星的自转方式非常奇特，它横躺在轨道上，像一个耍赖的小孩躺在地上打着滚一般，绕着太阳转圈，从而产生了春秋两季，有着快速的昼夜交替，约每隔 16.8 小时太阳就升起一次。而冬夏两季和秋季则截然不同，当天王星的南半球对着太阳时，南半球处于夏季，这时期的太阳总是在南半球上空转圈子，永不下落。这个夏季南半球始终处于白昼。这时背向太阳的北半球则会处于冬季。整个冬季要度过长达 21 个地球

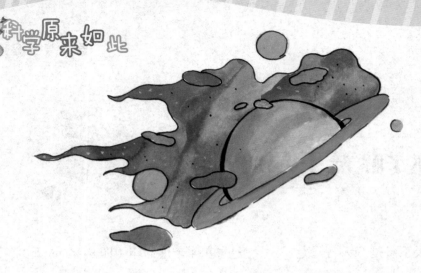

年的漫长黑夜，难怪，有人把天王星称做"一个颠倒的行星世界"。

天王星也有环，它打破了土星是太阳系中唯一具有光环的行星这一传统认识。天王星大气中氦的含量约为 10% ~ 15%，其余为氢，还有少量其他气体。

拍脑袋想一想

天王星为什么是蓝绿色的？

66

天王星也是太阳系的行星之一，它本身不会发光，但能够反射太阳光，所以人们看到的天王星是发光的。用望远镜观察天王星时，会发现它是蓝绿色的。

这是怎么回事呢？

原来，这主要是由大气成分所决定的。天王星的大气中富含甲烷，而甲烷对太阳光中的红光、橙光具有强烈的吸收作用，这样，经过天王星大气的发射作用后，阳光的主要成分只剩下蓝光和绿光了，难怪看上去是蓝绿色的。

悄悄告诉你

为什么说土星是
漂亮的行星？

土星是太阳系八大行星之一，按照距离太阳的远近排在第六位；如果按体积和质量排则位居第二，仅次于木星。同木星一样，土星是一颗"巨行星"。它以平均每秒 9.64 千米的速度斜着星体绕太阳公转，其轨道半径约为 14 亿千米，公转速度较慢，绕太阳一周需 29.5 年，可是它的自转速度很快，赤道上的自转周期是 10 时 14 分。

67

土星的名字虽然有"土"字，但在它的身上却找不到一丁点儿与泥土相关的物质，与"土"竟没有半点瓜葛。从望远镜里看去，土星的形状好像一顶遮阳帽，在茫茫宇宙中运行，橙子形状的星体四周飘浮着绚丽多姿的淡黄色彩云，星体的腰部发出柔和的光辉，可以说是太阳系中最漂亮的行星了。远远看去，土星如同是一位摩登女郎在独自远行。

土星的美丽光环，实际上包含了好几个环，总宽度达 20 千米，不过厚度却只有 2 ~ 4 千米。土星环由蜂窝般的太空碎片、岩石和冰组成。土星的光环比较亮，因为组成光环的成分有能够反射光线的小冰块。如果能够把这些环中的物质全部凝集在一起，则可以构成一个相当于月球大小的卫星。

土星重 5 688 万亿亿吨，是地球的 95.18 倍，体积是地球的 745 倍。
土星虽然体积庞大，但密度却很小，只有 0.7 克每立方厘米，比水的密度（1
克每立方厘米）还小 30%，大体与我们吃的奶酪密度相当。如果太空是
一个硕大无比的大海的话，将土星放到里面，它能够像一个软木塞那样
漂浮在海上。

这就是美丽的土星，小朋友，你记得它了吗?

拍拍脑袋想一想

土星最明显的特征是什么？

土星看上去像戴着一顶漂亮的大草帽，这是它最明显的特征之一。那么，这顶"草帽"到底是什么呢？通过观测人们发现，构成光环的物质有碎冰块、岩石块、尘埃、颗粒等，它们排成一系列的圆圈，围绕着土星旋转运行，由于光环的平面与土星轨道面不重合，而且光环平面绕日运动中方向始终保持不变，所以在地球上观测时，光环的视觉面积不固定，从而使土星的视觉亮度也发生了变化。当土星光环出现最大面积时，土星就会显得亮一些；当视线正好与光环平面重合时，光环便会被视为一条直线，土星就会显得暗一些。暗与亮的差别大约是3倍。我们的视线与土星光环平面所构成的角度是不同的。每隔15年，土星光环的正侧面朝向地球，这时，我们只能看到光环的边缘，再加上土星距离我们十分遥远，所以就看不清土星的光环了。

悄悄告诉你

你了解海王星吗？

海王星也是太阳系的八大行星之一。按照与太阳的远近顺序来排列，它是第八颗行星，亮度仅为 7.85 等，因此人们只有在天文望远镜里才能看到它淡蓝色的尊容。西方人用罗马神话中的海神——"尼普顿"的名字来称呼它。

海王星是距离太阳系中最远的一颗巨行星。海王星云顶的温度为 −218℃，因为距离太阳最远，是太阳系最冷的地区之一。它的赤道直径为 49 500 千米。海王星围绕太阳公转一圈，需要 165 个地球年。从 1846 年 9 月 23 日被发现，直到 2011 年 7 月 12 日 22 时 27 分（国际标准时间），海王星才走完围绕太阳运行的一周，出现在当初发现它的位置上。海王星自转一周的时间为 15 小时 57 分钟 59 秒。

海王星面貌的最大特征，是大气中有 3 个显著的亮斑和 2 个暗斑，以及 1 个大黑斑。天文学家认为，大黑斑是一个大气旋，是强烈的风暴区域。大暗斑每 18.3 小时左右绕行海王星转一圈，比海王星的自转周期 16 小时 6.7 分钟还要长，这样，海王星星体的旋转与大气的旋转形成错位，从而形成了风暴迭起的现象，因此导致大暗斑附近吹着 300 米每秒的强烈西风。这种现象的产生，与太阳的热力没有关系。

海王星上的风速十分惊人，可以达到 2100 千米／时，这一速度使得海王星成为太阳系中风力最大的一颗行星。

海王星的大气主要成分是氢和氦，此外还包含甲烷等。海王星呈现蓝绿色就是因为甲烷充分吸收了红光的原因。

天文学家确认海王星有 5 条光环，里面的 3 条比较模糊，外面 2 条比较明亮，最外侧的光环中有几段明亮的弧。天文学家将最外侧的这条光环命名为"亚当斯环"，并将其中几段明亮的弧依次命名为"自由"、"平等"和"互助"。

海王星至少拥有 13 颗卫星，最大的卫星特里顿是一个很特殊的天体，它的公转方向和海王星的自转方向相反，属于一颗逆行卫星。

拍拍脑袋想一想

海王星上为什么风暴不断？

悄悄告诉你

天文学家发现，海王星上风暴不断，而且风暴非常强劲，最高时速高达 2000 千米，狂风席卷着白云，让这个星球更加荒凉、恐怖。这是什么原因造成的呢？

大家知道，地球上风暴的形成，主要与太阳的热力有关。不过，海王星与太阳的距离比地球远，按这个道理分析，那里的风暴不应该像地球上的那么强烈。

1986 年 1 月 24 日，"旅行者" 2 号探测器飞到海王星近旁，发回了大量有关海王星的信息，科学家对发回来的信息进行分析，终于揭开了问题的端倪。原来，海王星自转一周的时间是 15 小时 57 分钟 59 秒，而它的云层需要 20 ～ 22 小时才能绕海王星赤道运行一周。这样，海王星星体的旋转与大气的旋转形成错位，从而造成了风暴迭起的现象，而这种风暴的产生，与太阳的热力是没有关系的。

行星都有卫星吗?

行星通常是指自身不发光，环绕着恒星运动的天体。在宇宙中，围绕着行星按一定的轨道做周期性运动的天体一般称为卫星。卫星包括天然卫星和人造卫星两种。月亮就是我们地球天然的卫星，其他行星大多也有自己的天然卫星。换句话说，大部分行星也都有自己的"月亮"。

在 2006 年以前，只要说起太阳系中的行星，人们就会想到"九大行星"，但后来天文学家对行星的资格进行审查发现，其中有一颗不够资格，从而被逐出"九大行星"之列。

2006 年 8 月 24 日于布拉格举行的第 26 届国际天文联合会通过第 5 号决议，将太阳系第九大行星冥王星划归矮行星，命名为小行星 134 340 号，将它从太阳系九大行星中除名了。所以现在太阳系只有八大行星。

现在，太阳系中的八大行星分别是金星、土星、木星、水星、地球、火星、天王星和海王星。

在太阳系的八大行星当中，目前已经发现其中六个行星都有自己的卫星。土星拥有许多卫星，至目前为止所发现的卫星数已经有 30 个。木星的卫星总共有 66 颗，包括已命名的 52 颗小卫星和未命名的 14 颗小卫星。地球有 1 颗卫星，那就是月亮。火星有 2 颗卫星，天王星有 29

颗卫星,海王星有13颗卫星。到目前为止,还没有发现围绕水星和金星这两颗大行星转的卫星。

上面我们所说的这些行星的卫星,都是天然卫星。而随着现代科学技术的不断发展,人类还研制出了各种人造卫星,用火箭发射出去之后,这些人造卫星和天然卫星一样,也都绕着行星运转,当然,人类发射出去的人造卫星大部分都围绕着地球运转。前苏联1957年发射了第一颗人造卫星"人卫1号"。中国于1970年4月24日发射了自己的第一颗人造卫星"东方红一号"。

人造卫星有着重要的意义,主要用于科学研究,而且在现代通讯、天气预报、地球资源探测和军事侦察等方面也已成为一种不可缺少的工具。

拍拍脑袋想一想

距太阳系最近的恒星离我们有多远？

距太阳系最近的恒星离我们应该很近吧？错了，才不是呢。那么，它离我们有多远呢？

离太阳系最近的恒星叫比邻星，它离我们大约有 40 光年。

大家或许会问，比邻星在哪里？其实，比邻星很暗，不用仪器观察的话，我们是很难用肉眼观察到它的。

在天空的南半部有一个很著名的星座，叫做"半人马星座"，这个星座里最亮的一颗星叫南门二，其特性和太阳很相像，也是夜空中的第三亮星。南门二看起来是一颗星，但其实它和另外两颗较暗的星组成了一个"三人小组"，其中一颗就是比邻星。

我们如果乘坐最快的宇宙飞船到比邻星去旅行的话，一个来回就得花费 17 万年，宇宙真是太大了，最近的比邻星也远在天涯。

值得补充的一点是，比邻星和太阳是离地球最近的两颗恒星。难怪科学家研究恒星的相互影响以及相互作用时，最喜爱以比邻星和太阳为样本，来测量相关的科学数据，这就是比邻星在科学上的最大价值。

牛郎星和织女星真的
一年会见一次面吗？

小朋友一定听说过"牛郎和织女"的故事吧？

传说，天上的织女和人间的牛郎相爱了，并偷偷结为夫妻。王母娘娘知道了这件事，非常生气，将他们变成了天上的两颗星星，一颗就是织女星，一颗便是牛郎星。为了惩罚他们，王母娘娘还在他们中间划了一条天河，只允许他们在每年农历的七月初七见一次面。每到这一天晚上，喜鹊成群结队飞到天河边上，搭起一座喜鹊桥，让牛郎和织女在桥上见面。

这是一个美丽的神话故事，可牛郎星和织女星的实际情况如何呢，让我们来看一看吧。

织女星上发出的光要 16 年后才能抵达牛郎星。想想看，它们间的距离是何等遥远。如此说来，如果牛郎和织女想一年见一面，他们的奔跑速度要比光快许多才可以。

织女星位于银河以东，学名叫天琴座 α，属天琴星座，与牵牛星隔银河遥遥相望，距地球约 27 光年。织女星呈青白色，是天琴星座中最亮的星，其亮度是牛郎星的 2 倍，大小也是牛郎星的 2 倍，表面温度接近 10 000℃。在中国，人们叫它织女星；在西方，人们称之为"夏夜的女王"。

与织女星遥遥相对的就是银河东岸的一等亮星河鼓二，学名天鹰座α，属于天鹰星座，俗称"牛郎星"。与织女星一样，牛郎星也是夏季夜空中十分著名的亮星。牛郎星直径为太阳直径的 1.7 倍，表面温度在 7 000℃左右，呈银白色，发光本领比太阳大 8 倍。牛郎星的自转速度很快，约 7 小时自转一周，所以它呈扁圆形。

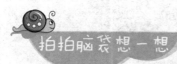

拍拍脑袋想一想

怎么来认识星系？

什么是星系？

星系是由恒星、尘埃和气体所组成的最大集团。一个典型的星系大约由1000亿颗恒星组成，其直径可达约10万光年。星系是构成宇宙的基本单位，宇宙中大约有1000亿～11万亿个星系组成，当然，星系与星系之间的距离十分遥远。

宇宙中的星系，它们的大小和形状是不一样的。我们居住在银河系里，仅仅是千千万万个星系中的一个。1925年，哈勃把星系分为椭圆星系、漩涡星系和不规则星系三大类。这是研究星系物理特征和演化规律的重要依据。

星系的大小差异很大，椭圆星系的直径在3300多光年至49万光年之间，漩涡星系的直径一般在1.6万光年至16万光年之间，不规则星系的直径一般在6500光年至2.9万光年之间。

星系质量很大，一般是太阳质量的100万至10000亿倍之间。椭圆星系的质量差异很大，大小质量差竟达1亿倍。漩涡星系质量居中，不规则星系质量一般较小。

星系内的恒星在运动，星系本身也有自转，这样，星系整体在空间中同样在运动。

春季星空有哪些
主要星座？

79

　　观察星座时首先确定方位十分重要，人们习惯将头顶的方向称为"天顶"，天顶以北的方向称为"北天"，天顶以南的方向称为"南天"。在纸上画星座时，应先在纸上确定出观测方位，一般要与实际观察的方位相对应，如观察北天时，纸的上方为南，下为北，左为西，右为东；观察南天时，纸的上方为北，下为南，左为东，右为西。

　　在春季里，会有一些新的星座悬挂在星空中。北斗七星不仅是大熊座的标志，也是春季星空最容易辨认的一组亮星。而位于北斗七星南方的星座是狮子座。狮子座的头部指向西方，由几颗较亮的星组成一把镰刀形，其中最亮的星就是大名鼎鼎的轩辕十四，是发出青白色光的1等星。狮子座的尾巴在东部，主要由三颗星组成了一个三角形。

　　在狮子座的西边天空，四颗星星排成一个小四边形。再往外围看，还有四个星星做成了一个大四边形，这就是巨蟹座的标志。在这个星座中可以用肉眼直接看到一个朦胧的光斑，这是蜂巢星团。

　　位于狮子星座左下方天空的是室女星座，这里最亮的一颗恒星叫做角宿一。

在狮子座的南方天空，有一条延伸很长的星座，如同一条长蛇在天空中爬动。人们根据它的形状，称它为长蛇座。长蛇座虽不是很亮，却是天空中最长的星座；蛇头位于巨蟹座的南方天空，蛇身则不断向东延伸。

在狮子座的西边天空，有两颗比较明亮的星体，沿着这两颗主星再往斜右方延伸的方向看去，就可以找到双子座。还有，在双子座东南方向的天空，有一个小星座，由两颗很明亮的星球组成，主星又称为南河三，距地球只有 11 光年。

从北斗七星的斗柄延伸找下去，可以看到一颗很明亮的橙色星球，这就是大角星；从大角星方向出发，再向北方的天空中寻觅，可以找到一个由 5 颗星排列成为菱形的图案，这就是牧夫座。

拍拍脑袋想一想

一年四季北斗七星是怎么移动的？

高悬在北方夜空的北斗七星，是人们最熟悉的星星，了解春季的星座，就从它开始吧。

北斗七星是组成大熊座的一部分，它是由5颗明亮的2等星和2颗3等星组成的一个勺子形状星座，就像古人盛粮食的用具"斗"，也因此而得名。至于说为什么叫它北斗，可能是为了同夏季夜空人马座上排列成斗形的南斗六星有所区别。北斗七星相当于大熊座的腰部到尾部的那部分，其中4颗星组成斗勺部分，另外3颗星组成斗柄部分。

在春季的星空如何寻找北极星呢？

春季的黄昏，北斗七星的斗勺正指向东方的天空，前端的天璇和天枢两星连成一条直线，再将这段距离延长5倍，便会看到一颗明亮的2等星，它就是北极星。这是寻找北极星最简便的方法。

那么，北斗七星在天空中是怎样运动的呢？

3月21日春分，这标志着天文春季时间的开始。当晚23时，北斗七星的斗柄正指向东方的天空。不过，这一"东指"会随着时间的推移，逐日提前4分钟。如果你每天晚上同一时间抬头仰望北斗星，你会看到北斗七星斗柄的指向会逐渐偏南。夏至晚23时，北斗七星会正指南方天空，这标志着天文夏季的开始；秋分晚23时，北斗七星正指西方天空，标志着天文秋季的开始；冬至晚23时，北斗七星正指北方天空，这标志着天文冬季的开始。

悄悄告诉你

81

这就是说，北斗七星勺柄的指向，在天空中会随着时间的推移和季节的变化，从西到北，再到东，再到南，沿着逆时针的方向在天空中运转。

有了这些知识，人们就可以使用北斗星大约确定季节和时间了。

那么，我们怎样找北极星来辨别方向呢？

在天空中找到北极星是辨别方向的关键。首先找到大熊星，再找到北斗七星。因为北斗七星是大熊星座的主体。从勺头边上的那两颗极星引出一条直线，它延长过去正好通过北极星。北极星到勺头的距离，正好是两颗极星间距离的5倍。当然，我们也可以通过"仙后座"找北极星。

夏季星空有哪些
主要星座?

夏季的夜晚，繁星众多，无数的星星让人会产生遐想。在银河的东"岸"，有一颗明亮的星，在这颗亮星的两侧各有一颗比它暗的星，这3颗星构成一副"扁担"。这颗亮星叫牛郎星，是天鹰座的一部分。

在银河的西"岸"，与牛郎星隔河对应相望，也有一颗特别亮的星，在这颗亮星附近还有4颗比它暗的星，这5颗星构成一个梭子形。这颗亮星叫做织女星，是天琴座的一部分。

还有，天蝎座是夏季南天最显然的星座，这里亮星云集，可以说是夏夜星座的代表。

天蝎座中有一颗红色的亮星，如天蝎的心脏，它就是著名的心宿二，也叫大火星。在夏天晚上八九点钟的时候，它位于南天离地平线不远的地方。因为这时南边低空中多是一些暗星，所以心宿二特别耀眼。找到了这颗星，天蝎座的其他星就不难辨认了。

天秤座位于室女座的东南方向，是一个不怎么引人注目的小星座。它由4颗3等星组成，亮星很少，秤的形象也不显著。

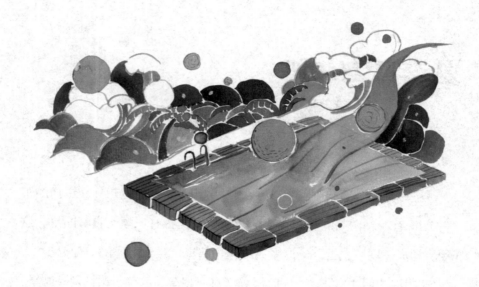

夏夜，从天鹰座的牛郎星沿着银河向南就可以找到人马星座。因为银心就在人马座方向，所以这部分银河是最宽最亮的。人马星座中，由2等星、3等星和4等星的6颗星形成的一个倒勾小勺子——南斗六星，是人马星座最容易辨认的部分。人马座位于南方低空的银河中，因为银河系的中心在人马座的方向上，所以这里的星云、星团最多。

天鹅座为北天星座之一。每年9月25日20时，天鹅星座升上中天。夏秋季节是观测天鹅座的最佳时期。有趣的是，天鹅座由升到落如同天鹅飞翔一般：它侧着身子由东北方升上天空，到天顶时，头指南偏西；移到西北方时，头朝下、尾朝上没入地平线。

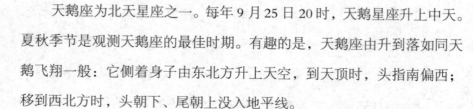

你知道什么叫星座吗？

悄悄告诉你

85

天上的星星实在太多了，其中大多数是恒星。恒星在天空中的位置基本看不出变化。古人为了研究星星，对星星加以识别与区分，就将星星分成许多区域，这些区域就是我们所说的星座。1928 年，国际天文联合会正式公布了 88 个星座的名称。这 88 个星座分成 3 个天区，北半球 29 个，南半球 47 个，天赤道与黄道附近 12 个。

每颗星星均可归入唯一一个星座。每一个星座可以由其中亮星的构成形状辨认出来。

需要说明的是，星空始终处于不断变化之中，所以给人们的观察带来了许多困难。在一年中的不同季节里，星空中出现的星座也是不一样的。例如，春季的星空出现狮子座，夏季的星空出现天蝎座、天鹰座、仙琴座，秋季的星空出现仙后座、大熊座等，冬天的星空则出现猎户座等。我们可以根据不同的季节，观察不同的季节所出现的星座。

还有，在不同时期，星座的大小、形状也有很大的差别，所包括的星数也都不一样。按照规定，不论是亮星、暗星、星云、星团、星系以及新发现的星，只要它在某个星座范围内，就属于这个星座。

我国古代就有用三恒二十八宿来划分天空的做法，实际上就是较早命名星座的方法。古人命名星座，同时也将星星作为判断季节、时间、方位的依据。

秋季星空有哪些
主要星座？

秋季星空是四季中最冷清的，亮星不多。秋天星座主要有北天以仙后座为首的王族星座和南天的水族星座。

秋季北天的王族星座由仙后、仙王、仙女、英仙与飞马座所组成。

仙后座是秋季星空中最耀眼的星座。这个星座是由五颗亮星组成的，假如将这五颗亮星用笔画起来的话，就可以画成一个"M"形或"W"形，看上去如同一位美丽的皇后坐在宝座上。

北方天空中最醒目、最重要的星座是大熊座。大熊座中的七颗亮星组成一个勺子的形状，这就是著名的北斗七星。

"飞马当空，银河斜挂"，这是秋季星空的象征。巡视秋季星空，可从头顶上方的"秋季四边形"开始。这个四边形近似于一个正方形，当它位于头顶上方的天空时，其四条边恰好各代表一个方向。实际上，"秋季四边形"是由三颗飞马座的亮星和仙女座的一颗亮星构成的，非常鲜明。将四边形的西侧两边线向南方天空继续延伸的话，在南方低空可以找到秋季星空的著名亮星北落师门，沿此基线向北延伸，可找到天王座。将四边形的东侧边线向北方天空继续延伸，经过仙后座，可找到北斗星。沿着这条基线向南继续延伸，可找到鲸鱼座的一颗亮星。

仙女座是人类用肉眼就可以见到的最大星座，包含 300 亿颗星星，其巨大的引力使周围几个小星系围绕着它不断运转。

英仙座有一半没入银河中。仙女座、仙后座和英仙座排列成正三角形，这也是辨认它们的一条重要线索。

以 10 月中旬晚上八九点钟看到的星座为例，这时的仙后座正出现在头顶的高空，它的主要亮星用线段连接，会组成一个标准的"M"形，通过仙后座可以找到北极星。在仙后座的南方天空是仙女座。仙女座的形态看上去如同一只牛角，其中有一个很有名气的天体，它就是仙女座星附近有一个用肉眼看得见的亮斑——仙女座星系。在仙女座东北方的天空是仙女座、仙后座连在一起的英仙座，在仙后座西北方的是仙王座。秋夜星空的中心是仙女座的"邻居"飞马座。

南天的水族星座有摩羯座、宝瓶座和双鱼座。摩羯座由许多个 3 等星、4 等星组成一个扇子形；宝瓶座在摩羯座的东边天空，星座内没有特别的亮星。双鱼座位于宝瓶座的东边天空，排列成斜"V"字形，看起来如同两条鱼一起包围着西北边的飞马座的马背和马尾，构成了一幅双鱼护马图。

拍拍脑袋想一想

你知道星座是怎么分类的吗?

悄悄告诉你

星座根据位置不同,分为天南星座和北天星座。大约在5000年以前,在美索不达米亚的地方,有一群巴比伦尼亚的牧羊人,他们成天过着逐草而居的游牧生活。牧羊是他们的职业,在牧羊的流浪生活中,晚上闲着没有事情,他们就会观察黑夜天空中的星星。时间久了,他们就从夜晚的夜空中,观察出了星星有规则的运动与季节的变化。每天夜晚,他们席地而卧,一边看着羊群,一边观察着夜晚天空中的星星。天空中的星星十分神奇,可以相互连接起来,形成各种图案,有的像各种动物,有的像各种用具,有的像他们所信仰的神像。时间久了,为了便于观察,牧羊人给它们取了名字,这就是人们所说的最初的星座。

公元2世纪,古希腊人对星空的观察已经十分先进,并认识了北天的主要星座,并用他们假象的线条,将星座内的主要亮星用线条连接起来,把它们想象成常见的动物或人物的形象,并根据它们的形象、流传的神话故事来为它们命名,这就是星座名称的由来。

而南天的星座直到17世纪才被逐渐确定下来,并且南天星座大多数是采用科学仪器命名的,如罗盘座、显微镜座等,由此可见,当时的科学技术已经有了极大的发展与进步。

冬季星空有哪些
主要星座？

寒冷的冬季，晚上出来观察星星可不是一件好受的事情。但是，冬季的星空却是四季中最为壮观的，众星座争相映辉，好像在开星辰世界的群英会。冬季的星空里，亮星非常多，星座都容易辨认。应该说，冬季是观察星空的最佳季节。

从季节来说，每年12月到第二年2月为冬季。冬季尽管天气寒冷，可冬夜星空中的亮星数胜过其他三个季节，显得分外壮丽。

我们以1月中旬晚上八九点钟观察夜晚的星空为例，这时北斗七星已来到东北方天空，斗柄已经指向北方。

冬季的上半夜，在南天最引人注目的是猎户座。猎户座很像一个威武的猎人，左手持着一个盾牌，右手高举着一根大棒，腰间还佩带一把宝剑。在"猎人"的两个肩膀、左脚和右腿的部位，还有4颗很亮的星，可以组成一个不太规则的四边形。在"猎人"的腰带部位则有3颗比较亮的星，斜着排成一排。猎户座中，这7颗亮星，是识别它的重要标志。

在猎户座的左下方天空，可以找到猎户的两条"爱犬"——大犬座和小犬座。大犬座中的亮星是全天看起来最亮的恒星，它就是十分有名的"天狼星"，距离我们约有8.6光年。

沿着猎户座天空的左上方找，可以看到一对孪生兄弟，叫双子座。双子座的西边天空有一头凶猛的野牛，人们叫它金牛座。金牛座背上的昴星团是一个极好看的疏散星团，俗称七姐妹。

位于金牛座天空上方的是御夫座，它正处于银河之中，主要由5颗亮星组成，最亮的一颗星叫五车二，发出黄色光芒。

拍拍脑袋想一想

星座中的星星及亮度是怎么表示的？

悄悄告诉你

天空中的 88 个星座都有各自的名字，其中多数是以动物的名字命名，少数是以用具的名字命名。

每一个星座中，都把所有的恒星按照从亮到暗的循序依次排列起来，随后用希腊字母 α、β、γ 等依次命名，并在希腊字母之前加上星座的名字，例如大熊座 α、仙女座 β 等，一旦 24 个希腊字母用完之后，接着，用阿拉伯数字继续往下排列下去，例如"天蝎座 61 星"。这样，就可以为天上的星星取上不同的名字，而不至于引发混乱了。

谈到星星的亮度，我们就不得不说到"星等"的问题了。

所谓"星等"，是天文学上对星星明暗程度的一种表示方法，用 m 来表示。天文学上规定，星的明暗一律用星等来表示，星等数越小，星的亮度越亮；星等数每相差 1，星的亮度大约相差 2.5 倍。我们肉眼能够看到的最暗的星是 6 等星（6m 星）。天空中亮度在 6 等以上（即星等数小于 6），也就是星等在 1～5 之间的星星，我们肉眼可见的约有 7 000 多颗。当然，每个晚上我们只能看到其中的一半，也就是 3 000 多颗。因为我们只能看到天空中的一部分星星。

满月时，月亮的亮度相当于 -12.6 等（在天文学上写作 -12.6m）；太阳是我们看到的最亮的天体，它的亮度可达 -26.7 等；当今世界上最大的天文望远镜能看到暗至 24 等的天体。

什么是彗星？

太阳系中有一些怪异的成员，它们就是彗星。彗星由彗核、彗发、彗尾构成，轨道与行星的大不相同，是极扁的椭圆，有些还是抛物线或双曲线轨道。

彗星远离太阳时，形态呈现为一个云雾状的斑点；当彗星进入太阳系时，亮度和形状会随着对日距离变化而变化，彗星物质蒸发，在冰核周围形成朦胧的彗发和一条稀薄物质流构成的彗尾。由于太阳风的压力，彗尾总是指向背离太阳的方向。

彗核是彗星最中心、最本质、最主要的部分。一般认为，彗核是由石块、铁、尘埃及氨、甲烷、冰块组成的。彗核直径很小，最小的只有几百米；平均密度为每立方厘米 1 克，质量可占彗星总质量的 95%。

彗发和彗尾的物质极为稀薄，只占彗星总质量的 1% ~ 5%，甚至更小。彗发是彗核周围由气体和尘埃组成的星状雾状物，半径可达几十万千米，平均密度只有地球大气密度的十亿亿分之一。

在太阳风的"吹拂"下，彗星可以生成体积巨大、密度极低的彗尾。彗尾是在彗星接近太阳大约 3 亿千米（2 个天文单位）时开始出现的，并逐渐变大变长。彗星靠近太阳时，表面温度增高，固体出现蒸发、气化、膨胀、喷发，就产生了彗尾。彗尾体积极大，可长达上亿千米，一般总

朝向背离太阳的方向延伸。而且，彗星越靠近太阳，彗尾就越长。

彗星的体形庞大，但质量却小得可怜，就连大彗星的质量也不到地球的万分之一。彗尾的长度、宽度也有很大差别，一般彗尾的长度在1 000万至1.5亿千米之间，有的长得让人吃惊，可以横过半个天空。如1842Ⅰ彗星的彗尾长达3.2亿千米，可以从太阳延伸到火星轨道。一般彗尾宽在6 000～8 000千米之间，最宽的可达2 400万千米，最窄的只有2 000千米。

彗星因拖着一条长长的"尾巴"而著称，古时候人们也称彗星为"扫帚星"，迷信地以为它是天上的扫帚，会把地球"扫"掉，或给人类带来灾难，因而一些不明真相的人也为此发生恐惧和慌乱。实际上，当我们了解了彗星的真相后，就知道彗星其实并不会带来灾厄，更无需害怕它。

拍拍脑袋想一想

彗星会发光吗？

　　彗星本身是不会发光的。早在我国晋代，天文学家就认识到了这一点。《晋书·天文志》中记载："彗本无光，反日而为光。"彗星是靠反射太阳光而发光的。一般彗星所发出的光都很暗，只有天文仪器才能观测到。只有极少数的彗星，因为被太阳照射得很明亮，拖着长长的尾巴，所以才能被我们所发现。

　　由于彗星发光的原因都与太阳辐射有关，所以随着距离太阳的远近不同，亮度也有所改变，越接近太阳越亮。当彗星远离太阳时，它的光度会逐渐降低，直到消失。

94

有的周期彗星为什么
后期不见了？

　　彗星可分为周期彗星和非周期彗星两类。周期彗星就是周期性回归的彗星。当周期彗星按照回归周期来到太阳与地球附近时，人们就可以再次看到它的尊容。但有的时候，周期彗星，特别是回归周期不到200年的短周期彗星，却会意外"失约"，就好像突然凭空消失了一般。那么，这些周期彗星为什么会突然"消失"呢？

　　彗星在太阳系空间内运行时，经常有机会从某颗行星附近经过，并可能因为行星的影响而改变轨道。在太阳系内，能够改变彗星轨道的除了太阳之外，就是体积和质量都很大的行星了，其中又以木星和土星的影响力最为显著。当彗星极其接近行星的时候，受行星引力影响，其轨道会随之发生改变，而它的回归周期也随之发生变化，所以人们就不能再按"预定"的时间看到彗星的"回归"了。

　　当彗星的速度因为行星引力而偏离轨迹的时候，短周期彗星就有可能变为长周期彗星，甚至有可能使它的轨道由椭圆轨道变为抛物线或双曲线轨道。如果彗星的轨道由椭圆变为抛物线或双曲线时，那么它就由周期彗星变为非周期彗星了。当它路经太阳附近时，它就会冲出太阳系，踏上"不归路"，这也是周期彗星消失不见的最主要原因之一。即使周期彗星的轨道并没有改变，却因轨道被拉长，由短周期彗星变为长周期彗星——如回归周期在200年以上——对于我们人类来说，它也是一颗名副其实的"消失"的彗星了。

另外，一些彗星在经过行星附近时，由于靠行星很近，受到对方强大引力的吸引，无法脱离，往往会一头撞上行星"碰壁自杀"，从此烟消云散，这也是周期彗星消失的原因之一。

一些周期彗星在长期的回归过程中，内部物质不断消耗，最后也会土崩瓦解，无法再以彗星的"面孔"出现，而只能以流星群出现。有趣的是，当它们经过地球附近时，还会为地球上的人们上演精彩的流星雨表演。

拍拍脑袋想一想

为什么说彗星是脏雪球？

彗星的主要成分是水冰。彗星由彗头和彗尾两部分组成。彗头的外围是庞大的气壳，称为"彗发"，直径有几万到几十万千米，中心是一个直径仅10千米左右的固态核心，称为"彗核"。彗尾比彗发更长，长的可达数亿千米。

"彗核"的成分大多数是水冰，还有尘埃、砂砾、岩石，以及固体状态的氨、二氧化碳和甲烷等，因而天文学家认为，彗核像个混了杂质的"脏雪球"。

悄悄告诉你

97

彗发和彗尾都是由彗核喷发出来的气体和尘埃形成的，朝太阳方向喷射出的大量气体和尘埃，可喷出几千米远，就像是火喷泉一样，在阳光照耀下，熠熠生辉，蔚为壮观。这些气体非常稀薄、密度极低。

1986年春，在太空遨游了76年的哈雷彗星又一次回到太阳身边。据测定，这颗著名彗星喷出的气体中80％左右是水分子，它在靠近太阳时每分钟要蒸发掉相当于几个游泳池的水！

为什么地球悬在
空中而掉不下去？

地球悬浮在宇宙的空间，怎么掉不下来呢？

我们生活在地球上，地球就是我们的"地面"，而我们之所以不会掉下来，就是因为地球本身的引力在起作用。但就整个宇宙而言，并没有绝对的上、下、左、右之分。

对地球而言，太阳就是它的"地面"。所以，如果地球要"从空中掉下去"的话，就会掉到太阳上。可地球为什么掉不下去呢？

原来，地球在绕着太阳转动时总是想向外跑出去，可是太阳又使劲拉住地球不让它脱离。我们把地球运动时想脱离太阳的力量叫做离心力，太阳拉住地球的力量叫做引力。两者的力大小相等，方法相反，正好处于平衡状态，所以地球不会掉下来。

这就是说，当地球朝一个方向径直运动时，太阳引力就会将它拖往太阳的方向，但是地球又会保持自身向前径直的运动，这时地球在运动时总是有两个力对它产生影响，使得地球就总是以太阳为圆心做圆周运动。这就是为什么地球没有"掉下去"的原因。

99

如果地球停止运动，或者运动速度减慢，那太阳就能轻而易举地将地球拉向自己的怀抱，把地球吸引进太阳里去。

实际上，不管是围绕太阳周围运转的地球，还是其他星星，它们之间都有某种力量相互制衡着。只要这种力量的平衡不被打破，这些星体就不会坠毁。

地球是一个什么样的球？

　　我们居住的地球，是一个非常巨大的星体。地球是一个两极稍扁，赤道略鼓的不规则球体。它的表面丰富多彩，有海洋、湖泊、高山、平原、森林、沙漠、荒漠等，还生活着许许多多生物，各种生物之间还有着奇妙的关系。这就是我们看到的地球外表。

　　在地球的表面之外是一层厚厚的大气层，它看不见也摸不着，但一切生物呼吸的氧气就在这大气层中。

悄悄告诉你

?

那么地球的里面是什么样的呢？

如果我们把地球剖开，就会发现地球好像鸡蛋那样分好几层。不过，各层的物质组成和物理性质都各不相同。最外面的一层叫地壳，是地理环境中的重要组成部分，由各种岩石组成。中间的一层是地幔，是三个圈层的中间层，也是岩浆的发源地。最里面的是地核，是地球的核心，温度特别高。

对此，你或许会感到奇怪，或者产生这样的联想，如果我们对脚下的地球不停地挖下去，会不会将地球挖穿呢？

对人类来说，地球很大，甚至可以说是大极了。站在地球上，我们根本无法一窥地球全貌，但如果我们站在遥远的天空中观看地球，地球会是什么样子的呢？

告诉你吧，如果站在天空中看地球，地球就只是一个极小的黑点而已。

如果坐上宇宙飞船来到地球的附近，这时候你看到的地球就是一个深蓝色的大球。原来，地球表面有三分之二的地方是海洋、湖泊和河流，在光线的反射下，它看起来就像是一个深蓝色的水球。

地球是一个扁球吗？

地球是什么形状的？所谓"不识庐山真面目，只缘身在此山中"，生活在地球上的我们，即使有人注意观察，或许也并不清楚地球到底是什么形状的。从太阳的东升西落中，我们大体知道地球是一个圆球，可再具体说就不好说了。

地球是人类的老家，地球上出现人类已有一百万年，但人类真正认识自己的老家，却是近几百年的事。15世纪末至16世纪初，航海家麦哲伦完成环球航行以后，人们一致公认，地球是圆的。随着科学技术的发展，人们认识地球的手段也越来越先进，现在人们又进一步认识到，地球并不是一个真正的圆球。通过人造卫星上看地球的效果，人们发现地球是一个南北之间较短，赤道部分略有隆起的扁球体。具体说来，地球赤道的半径比两极的半径大21千米，因此地球其实是一个扁球体。

这是怎么回事呢？这就得从地球的自转中找答案了。

地球每时每刻都在不停地绕着地轴自转，地球上的每一部分都在做类似的圆周运动。不过地球有的地方在两极附近绕的圈子小，有的地方如在赤道附近绕的圈子就大。我们乘车时都有这样的体会，当汽车在转弯时，乘客都具有远离圆心方向倾斜的趋势，这种趋势是由于乘客受到惯性离心力的作用引起的。同样的道理，地球的每一部分都受到惯性离

心力的作用，都具有一种远离地轴方向而向外运动的趋势。简单说来，距离地轴越近的地方，地球所受离心力就越小；距离地轴越远的地方，地球所受到的离心力就越大。地球的南北两极离地轴最近，所受离心力最小；而赤道部分离地轴越远，所受离心力就最大。

　　这样，在地球上的物体都有向赤道方向移动的一种趋势。这种结果，势必使地球的形状逐渐由原来的圆球形变为向赤道附近突出，两极地区趋于扁平的扁球形了。换句话来说，地球是一个两极稍扁、赤道略鼓的不规则球体。

拍拍脑袋想一想

人造卫星可以测量地球吗？

悄悄告诉你

现在，人们对地球的大小以及相关数据都很清楚，而且这些数据也相当精确。如地球平均半径为 6 371.004 千米，地球赤道半径为 6 378.140 千米，地球极地半径为 6 356.755 千米。人们得到这些数据可不是简单的事情，要通过大地测量、重力测量、天文测量等多项技术的综合运用，才能获得最终结果。但这些方法都会受到一定条件的限制。

自从人类发射了卫星后，人类便可以综合利用大地、重力和天文测量的结果，更加精确地测定地球的形状和大小了。例如，在大地测量中可用卫星代替月球作为长距离测量的连接点，由于人造卫星的体积小，可见标志小，离地球又较近，容易准确测量，那么测量的精确度就会大大提高。

同时，科学家可在人造卫星上安装仪器进行重力测量，确定地球各地的密度分布情况。这是因为人造卫星可以飞越大洋、海洋、沙漠、高山和草原，还能够抵达人迹罕见的地方，它的运行轨道几乎遍及整个地球，因此人造地球卫星能够比较全面地获取地球重力的测量资料，了解各地的密度分布，以便人们更好地研究地球的形状。通过这些手段，人们查明了地球是一个两极稍扁、赤道略鼓的不规则球体，也可以说是一个接近圆球的扁球体。

104

值得指出的是，月球是地球的自然卫星，而月球的轨道变化也反映了地球形状的变化。所以，如果我们用人造卫星代替月球，那么我们也可以根据人造卫星的不规则运动来研究地球的形状。因为人造卫星的质量比较小，绕地球运转的周期也短，轨道的变化快而明显，再加上人造卫星离地球又比较近些，观察起来十分方便，而求出的地球扁率（反映了扁球体的扁平程度）也比较精确。

地球为什么不会发光？

我们知道太阳能够发光，可我们居住的地球怎么不发光呢？

天上的星星数目众多，数也数不清。在这些星星中，像太阳那样的星星叫恒星。行星是在椭圆轨道上绕太阳运行的、近似球形的天体，它们不发光，质量比太阳小得多。像月亮那样围着地球转的星星叫卫星。

105

像太阳那样的恒星是由炽热气体组成的，它能自己发光。像地球和月亮这样的行星和卫星本身不能发光，但是像太阳那样的恒星发出的光照射在行星或者卫星身上，它们能把这些光反射出去，使自己看上去也闪闪发亮。我们看到的月亮就是最好的说明。

晴朗的夜晚，繁星点点，有些看起来特别大，有些看上去特别亮，这些都与星星本身与地球的距离以及它的大小和温度有关。地球的温度比较低，尤其是地球表面，温度极其低，而地表温度最高的地核部分，其最高温度超过 6 000℃，但这个热量既发射不出来，也不能像太阳那样引起热核反应，所以地球不会发光。

什么力量可以使地球转圈？

当你知道了地球的公转和自转后，或许你会产生这样一个疑问：这是怎么回事呀？到底是什么力量促使地球转圈的呢？

17 世纪，英国科学家牛顿有过一个重大的发现：凡物体都有吸引力，质量越大，吸引力也越大；间距越大，吸引力就越小，这就是著名的万有引力定律。

地球有引力，太阳、月球、星星也有引力。可以说，地球正是由于这种引力的作用，才逐渐开始自转的。地球自转的速度很快，以地球赤道为例，赤道上任何一点的速度都可达 1 700 千米每小时，大约合每秒470 米，速度之快令人咋舌。

悄悄告诉你

　　除了自转外，地球还绕着太阳公转，而这也是各种引力相互作用的结果。地球公转的速度更是惊人，大约是每秒 29.8 千米，相当于声速的 88 倍。和这样的速度相比，你坐什么样的火箭都自叹不如，是追不上它的。

　　地球既要自转又要公转，每时每刻都在运动着，可我们怎么就没有感觉到地球在转呀？

　　这是因为地球很大，转得又很平稳，而我们也同地球一起在转动，同时又是以自己为参照物来判断动与静的，所以我们自然就感觉不出地球在转动了。

人为什么不会从 地球上掉下去？

当人从宇宙飞船上看地球时，可以清楚地看到，地球是一个悬挂在宇宙空间的蓝色球体。那么，地球另一边的人是不是头朝下、脚朝上地生活呢？他们为什么不会掉下去呢？

我们不妨做一个实验来理解这个问题。当快速转动雨伞的时候，雨滴就会从雨伞的四周被甩出去。地球一般是以时速 1 350 千米的速度旋转，这样大的旋转速度，似乎是可以将人甩出去的。

可是，人在地球上不但没有被甩下去，反而即使跳起来也会马上着地，压根没有被甩出去的可能。

地球对物体具有吸引力，所以人不能从地球上掉下去。物体要克服地球引力飞出地球去，就得考虑必须超过多大的速度才行。

为了说明这一问题，我们不妨从以接近地球的表面水平运转的火箭发射后的第 1 秒为例，因受到地球引力的作用，火箭在第 1 秒要下落大约 5 米，要想将火箭发射出去，就必须达到弥补这 5 米距离的速度，换算一下速度，就必须以秒速接近 7.9 千米的速度发射火箭。这样，火箭才不会落到地面上，而是在地球上空围绕地球沿着圆形轨道高速运转。这也说明，要想完全脱离地球的引力，发射速度必须高于这一速度才行。

从另一个角度来说，因为地球是有吸引力的，所以在地球周围的气体形成了一个大气层，这个大气层就把地球包围着。在这个大气层内，所有东西都受着地球的吸引力。以中国这方面来看，我们站在地球上，是脚朝下，头朝上的。下面的美洲人虽然头朝下，但是以地球圆心为起点来看，还是脚在下面，头在上面的，只是方向相反而已。

例如，我们扔一颗石子，它总是落到地面上，说明地球的重力是指向地球中心的。这样就容易理解，我们所说的下方，指的是地心的方向；上方是指天空的方向。我们站在地球的任何地方，都是脚朝地下，头朝天空。换句话说，在浩瀚无比的宇宙中，"上"和"下"不是绝对的，而是相对的。因此，在地球上，不论什么地方的人，都不会掉下去，也不会觉得头朝下。

拍拍脑袋想一想

人造卫星为什么不会从天上掉下来？

109

我们从电视、广播中经常会听到卫星发射等有关人造卫星的事情，你或许会有这样的疑问，人造地球卫星发射成功后怎么会在天上飞而不会掉下来呢？

为了说明这个问题，我们不妨举个例子。

把一个球水平地投掷出去，掷球的速度越快，球飞跃得就越远，但最终它一定会落在地面上——这是地球引力造成的。

我们可以设想一下，如果我们掷球的速度足够大，大到让球不再受地球引力的约束，那么球便会一直绕着地球转下去。不过，人力是远远

悄悄告诉你

不能达到这个足够大的速度的。但人类有着聪明的大脑，可以用技术达到这个速度。这个速度是多少呢？

告诉你吧，是7.9千米每秒，这一速度叫宇宙第一速度。这个速度可是够大的，人类是如何创造这一速度的呢？

现在，用火箭就可以达到这个速度。我们不是经常听说用火箭发射卫星吗？

是的，发射卫星要借助于火箭技术，利用火箭给人造卫星一个很大的初速度，让它顺利进入太空，围着地球运转。

那么，人造卫星又怎么会在天空中绕地球运转而不掉下来的？

这是因为人造卫星在发射时，它的速度超过了7.9千米每秒，由于大气层的阻力原因，人造地球卫星的速度就会逐渐减慢，高度就会逐渐降低，最后会在大气层中烧毁。所以，这就要求人造卫星在发射的时候一定要发射得高一些，发射到不受大气层干扰的高度，并使卫星加速到足够使它一直绕地球运转而不会掉下来的速度。

人造地球卫星的最低高度是100千米左右。如果人造地球卫星的高度达到1000千米，它就会一直转下去而不会掉下来。

月亮的光为什么
不像太阳那样热？

月亮是绕着地球转的一颗卫星，但它是一颗冰冷的、不会发光的天体。我们在夜晚所见到的明亮的月光，其实是月亮反射的太阳光。月光总是冰冷冷的，无法给人以温暖，这又是为什么呢？

这是因为月光只反射阳光，而且月面对阳光的反射本领不大，平均只有 7%。满月时最强的月光，其亮度也只相当于 21 米外的一支 100 瓦的电灯，是阳光的四十六万分之一。近年来有人做了实际测量，在月光照射下，温度只升高了 0.01℃，这样细小的变化，几乎无法让人感受到。还应该说明的是，半月的光并不到满月光的一半，而上弦和下弦时的月光分别只有满月时的 8.3% 和 7.8%，这些时候的月光就更不会产生什么暖意了。

你或许会问，既然月亮是反射太阳光才让我们看到的，那白天太阳光这么强烈，我们怎么就看不见月亮呢？

这是因为，当地球的一面对着太阳的时候，这一面也就是白天了；而另一面背对着太阳，太阳的光线照射不到，所以也就是黑夜了。月亮

一个面始终朝着地球转动，它这个面也始终对着地球，而晚上我们看到的月亮，只不过是在没有太阳光照射的情况下，月亮反射太阳光而已。当有强光照射的时候，我们的眼睛被强光所占有，并不一定能看见那些微弱的光；但是当我们处在黑暗里的时候，更能够发现那些微弱的光线，这就是我们为什么白天看不到月亮的原因。当然，如果你用望远镜，白天也是可以看到月亮的。

白天的阳光过于明亮，所以人们无法见到光线微弱的月亮。

你了解月球吗？

月球也称月亮，是环绕地球运行的唯一一颗天然卫星。它也是离地球最近的一颗天体。月球直径约 3474.8 千米，是地球的四分之一。

月球距离地球最近，我们的祖先很早就有飞向月球的愿望。因此，人们在很久以前就已经开始研究月球了，并且了解甚多。月球是第二个有人类踏足的天体。

根据研究，月球的年龄大约有 46 亿年。月球由月壳、月幔、月核三部分组成，最外层的月壳平均厚度约为 60～65 千米，它最上部 1000～2000 米处主要是月壤和岩石碎块。月壳下面至 1000 千米深度是月幔，大约占有月球的一半多的体积。月幔以下直至 1740 千米深处的月球中心为月核，月核的温度约为 1000℃，很可能是熔融的，据推测其大概是由铁、镍、硫等物质组成。

有趣的是，月亮对月面物体的吸引力只有地球对地面物体吸引力的六分之一，根据这样的理论进行计算，如果人到了月亮上，体重也只有地球上的六分之一了。因为月球上的吸引力很小，人在上面走路就变得艰难起来，容易滑倒，站立不稳。因为月球上没有空气，我们无法直接呼吸，声音也没法传播，所以也听不到别人的声音。

113

月亮为什么
会跟着人走?

不知道小朋友观察过没有，在月夜里走路时，月亮会跟着你走，你走得快，月亮好像也快；你走得慢，月亮好像也慢；你停下来，月亮也不动了。

你有没有想过，月亮这是怎么了，它怎么会跟着人走？这到底是怎么回事呀？

原因主要有以下几个。

第一，太阳和月亮都是巨大的天体，离我们很远，身边没有什么东西能遮挡住它们的光辉。也可以说，不管我们走到哪儿，也走不出它照耀的范围，就像孙悟空逃不出如来佛的手掌心一样。

第二，人走动的距离相较于地球和月亮的距离，实在是太渺小了。月球与地球的距离是 38 万千米，人走动的距离与之一比较，完全可以忽略不计，看月亮的视角变化也完全可以忽略不计，所以看起来就像是月亮跟着人走了。

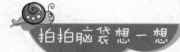

月亮背面是个啥样子？

115

不知道小朋友们注意过没有，从地球看月亮，始终只能看到月亮的一面，它的另一面总是隐而不露，不让我们看到。这是怎么回事呀？

这是因为月亮自转和公转的周期是一样的，都是 27.3 日，所以月亮永远都用同一面面向地球，另一面背着地球。

地球上的人永远无法看到月亮的另一面，那月亮的另一面是什么样子的呢？随着科技的进步，人们借助航天飞船或卫星，绕到月球的背面上空，拍摄了许多照片，然后用无线电传输到地面或直接带回地面，终于揭开了它的神秘面纱。

悄悄告诉你

从卫星上传回的大量照片我们可以看到，月亮的背面和正面都有平原、山地，也有环形山。但是，月球背面的结构和正面差异较大。背面的月海所占面积较少，而环形山则较多。背面的月壳比正面厚，最厚处达 150 千米，而正面的月壳厚度只有 60 千米左右。

月球背面的颜色比正面稍红、稍深些，可能是由于两个半球上山区和"海"的面积相差较多造成的。月球背面上严格说来，没有明显的山脉，不过莫斯科海四周海岸、一些环形山环壁和线状地形勉强也可以说成山脉。

面朝太阳的月亮一面的最高温度是 123℃，而背对太阳的那一面的最低表面温度却在 -233℃。所以，人到月亮上必须穿上特制的宇宙服来保护自己。

月亮上怎么会有
那么多的环形山？

小朋友，你知道吗，在月亮的背面不仅有大片平原和许多高山，还有许许多多大小不同的小圆圈。那这小圆圈又是什么呢？

告诉你吧，这就是月球上大名鼎鼎的环形山。月球表面大大小小不同的凹坑，被称为"月坑"，月面上最大的环形山，为月球南极附近的克拉维环形山，直径有 230 千米，而小的月坑直径只有几十厘米甚至更小。直径大于 1 000 米的月坑总数达 33 000 多个。月球背面的环形山更多。

阿基米得环形山、奥托里克环形山和阿里斯基尔环形山，是雨海中比较大的三个环形山，阿基米得环形山的直径就有 80 千米。

值得提及的是，天文学家在给月球上的山川起名字时，规定了月球上的山用地球上的山名，月球上的环形山用世界著名的科学家与思想家的名字来命名。这一规定沿用至今。

那么，月球上这些特殊形状的环形山是怎么形成的呢？目前比较流行的解释有两种：

第一种解释，月球当初形成不久，内部的高热熔岩与里面的气体因压力大冲破表层，喷射而出，就像地球上的火山喷发一样，从而形成环形山。

第二种解释，类似于流星体撞击月球。简单说来，就是流星体落到月球上，因高速运转，所以撞击月球形成了环形山。而大大小小不同的流星体，又撞出了大小不同的环形山。

由于月面上没有风雨洗刷，也没有激烈的地质构造活动，所以当初形成的环形山一直被保留下来，形状如初。

拍拍脑袋想一想

人类为什么特别关注月球？

月亮有不少美丽的传说，古代人就很向往月亮，而现代人也不例外。那你可知道人们为什么对月球特别关注吗？

原来，科学家通过大量的考察活动证实，月球是人类唯一易于征服并可以长期居住的外天体，它不仅是地球形影不离的卫星，而且其岩石、年龄及演化过程等都与地球有着惊人的相似之处。如果人类需要寻找第二故乡的话，恐怕没有比月球更合适的了。

悄悄告诉你

　　另外，月球上含有大量的稀有矿物资源，蕴藏的氦核电燃料相当于地球可开发量的 10 倍，有着广阔的前景，只要用航天器带回一小堆，就可以满足一个大国一年的能源消耗。

　　而且，月球上是最理想的宇宙观测"平台"，在这里，科学家的观测不会受干扰，甚至还有希望收到"外星人"发来的秘密讯号呢。

　　由此看来，不久的将来，月球将成为人类竞相开发的一片热土。

月球上的
一天会有多长？

月球是地球上的卫星，它在环绕地球公转的同时，也在不停地做自西向东的自转运动。所以，月球上也有太阳东升西落的现象。不过，这跟地球上所看到的"东升西落"的情景完全不同。

　　我们知道，地球绕轴自转一周叫做"一天"，时间约为 24 小时。那么，月球上的"一天"又该有多长呢？

　　月球的自转比地球慢得多，需要地球上 27.3 天的时间，也就是说月球上的"一天"，要比地球上的 1 天时间长得多。

　　不过，月球上的"一天"（即一昼夜）不是 27.3 天，而是 29.5 天。

　　月亮在自转和绕地球公转时，地球也正绕着太阳公转。当月亮转了一周后，地球也在绕着太阳转的轨道上走了一段距离，因此，月亮原来正对着太阳的一点，还没有正对太阳，必须经过一个角度，才能正对太阳，这段时间也不算短，需要 2.25 天。因此，计算月亮上的"一天"，需要在 27.3 天上再加 2.25 天，是 29.55 天，即一个月的时间。

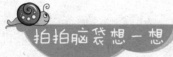

拍拍脑袋想一想

月球上的白昼和黑夜是怎么样呢？

121

悄悄告诉你

　　月球上没有地球上所说的空气，没有任何形态的水，也没有风、云、雨、雷、闪电等自然现象。太阳出来之后，由于没有大气的遮隔，白天太阳发出灼热的光芒，看太阳要比地球上明亮千百倍。太阳发出的光芒因为没有大气层的遮隔，不受它们的吸收和反射，导致月面的温度可达 127℃，因此，月亮上连石头都炙手可热呢！

当太阳刚一落下"月平线",夜幕马上笼罩起月球。在月球上,黑夜长达 2 个星期左右。长时间的黑夜使月面温度马上降温,可一直下降至 —183℃。

但在漆黑的夜空中,在月球上看月面,其亮度比在地球上看到的月亮亮度要大上 80 倍!

就月球这种情景,在那里设置天文台是最好不过的了。原来,这里没有大气层的干扰,也没有尘埃的干扰,无论白天黑夜都能够清晰地观察星空,条件比地球甚至比人造卫星都要优越得多。

月亮为什么会出现圆缺现象？

小朋友，你观察过月亮没有？天上的月亮可真怪呀，有时像一把弯弯的镰刀，有时又像被咬了一大口的烧饼，而有时它又像是一个圆圆的银盘。其实，这是月亮正常的圆缺变化。可你知道它的这种圆缺变化是怎么回事吗？

原来，月亮是围绕地球运转的一颗天然卫星，它和地球一样都是行星，本身都不会发光，而是靠反射太阳光发光的。难怪，月亮和地球一样，也是一半球黑暗，另一半球明亮。月亮在绕地球有规律自转的同时，又和地球一起绕太阳有条不紊地公转，这样，随着月亮和地球的自转与公转，会导致月亮、地球和太阳之间的相对位置处于不断变化中，因自转速度不一样，造成在地球上见到的月亮的光亮与黑暗的部分，不是永远相等的两部分，而是有时候明亮的部分大，有时候黑暗的部分大。这就是说月亮的明亮与黑暗两部分的面积处于不断变化中。

当月亮转到地球和太阳直线的中间时，这时候，月亮朝向地球的一面照不到太阳光，也就不能反射阳光，人们整夜看不见月亮，这就叫新月。

新月过后两三天，月亮沿着轨道慢慢地转过来，太阳光就会继续逐

渐照亮月亮向着地球的这部分，但只是边缘部分，而不是月亮的全部，于是，我们在天空中就看到一钩弯弯的月牙了。这时的月相叫做弯月。

再过几天，月亮继续沿着轨道运转，它向着地球的这半球，每天逐渐照到了比以前多的太阳光，也就是照射的面积一天比一天大，于是，弯弯的月牙也就每天逐渐比前一天"胖"起来。当运转到第七八天后，月亮向着地球的这半球，有一半照到了太阳光，于是，我们在晚上就会看到像半个烧饼似的月亮，这时的月相是上弦月。

以后，月亮再变成凸月。再过几天，月亮逐渐转向太阳相对的一面运动而去，而它向着地球的这半球的受光面积也越变越大，人们也因此看到它一天比一天圆起来。当地球处在月亮和太阳之间的时候，月亮的受光部分完全面向地球，人们就会看到一个像银盘似的滚圆的月亮，这就是满月，又叫望月。

满月照射的时间只有一两天。随后，月亮同太阳的位置又发生了变化，面向地球的受光部分逐渐变小，先变成凸月，又逐渐"瘦"下去，变成半圆形的月亮，这就是下弦月。

下弦月以后，月亮又逐渐地"瘦"下去，竟又"瘦"成了一道弯弯的钩了，这时就是残月。之后，月亮又逐渐看不见了——一个新的循环又要开始了。

拍拍脑袋想一想

月球为什么会渐渐远离地球？

125

月球是地球的卫星，可它却在逐渐远离地球，这是怎么回事呢？

多年以来，科学家一直在观测月球与地球之间的距离，结果表明，近25年来，地球与月球之间的距离增加了12米。虽然这个数据不算太大，但这足以说明月球有远离地球的倾向。可月球为什么会远离地球呢？

科学家解释说，在月球引力的作用下，地球产生了潮汐，这种潮汐运动中的一部分能量就分散到地球的海洋里。由于这种能量的失去，使地球与月球系统的运动应力受到影响。这就是月球逐渐远离地球的原因。显然，月球和地球之间的距离还会逐渐拉大。

悄悄告诉你

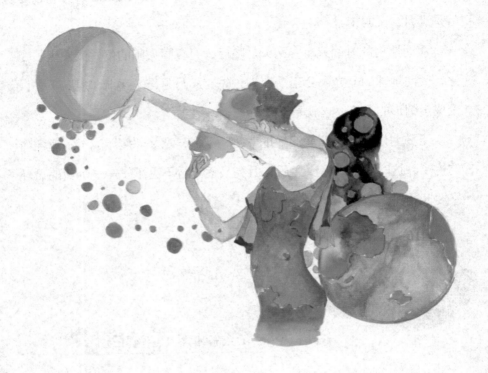

　　很久之前，月球靠地球更近，地球自转的速度也比现在快。海中动物的化石上就残留着当时飞速涨落潮的痕迹。

　　将来，月球离地球会更远，我们在地球上就看不到日全食，只能看日环食了。

为什么会发生月食？

小朋友们，你们有没有听说或看到过"月食"？你们知道什么是月食，又为什么会发生月食吗？

月食是一种特殊的天文现象，指当月球运行至地球的阴影部分时，在月球和地球之间的地区会因为太阳光被地球所遮盖，就会看到月球缺了一部分。也就是说，这时候的太阳、地球、月球恰好或几乎在同一条直线上，太阳发出的光线全部或大部分都照射在了地球表面，而月亮却被地球的影子所遮盖，接收不到阳光，所以也就失去了"光泽"。

127

对月食进行观察，我们就会看到一个影子在满月的表面上缓慢移动。一个小时或更长时间，阴影就会慢慢离去，月球很快又会发出皎洁的月光，而月食也就结束了。

从月食发生的情况看，月食主要分为月偏食和月全食。

月食总是在满月时候发生，此时地球位于太阳和月球之间，当整颗月球都隐入地球的影子内时，就会出现月全食。当月球只有部分进入地球的影子时，那就会出现月偏食。

月食每年大约会发生 1 ~ 2 次；如果第一次月食发生在这年的一月初，那么在这一年里可能会发生 3 次月食。由于只有当月球、地球、太阳在同一直线上时才会发生月食，所以月食只发生在农历月的十五或

十六，出现的月份一般是一月、六月或十二月。

现在，天文学家可以准确地推算出月食发生的时间，误差不到1秒，同时还能指出最佳观察地点，小朋友们，这是不是十分神奇呢。

拍拍脑袋想一想

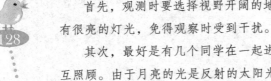
你知道如何观测月全食吗？

很多人喜欢观察月全食。你知道观察月全食的科学方法吗？

首先，观测时要选择视野开阔的地方，尤其是观测场的周围最好没有很亮的灯光，免得观察时受到干扰。

其次，最好是有几个同学在一起进行观察，这样可以相互讨论，相互照顾。由于月亮的光是反射的太阳光，没有像直接观察太阳时那么耀眼，所以，我们可以直接用肉眼观看，不需要借助任何仪器。

再次，观测时，要带上手表和纸笔，把月食的过程分步记录下来，进行研究学习。

悄悄告诉你

129

　　月全食的发生可以分为五个阶段，第一阶段为月亏，此时月球刚接触地球本影，标志着月食就要开始了；第二阶段为食既，此时月球的西边缘与地球本影的西边缘相内切时，月球刚好全部进入地球本影内；第三阶段为食甚，此时是月球的中心与地球本影的中心最近的时候；第四阶段为生光，此时月球东边缘与地球本影东边缘相内切，标志着全食阶段结束；第五阶段为复圆，此时月球的西边缘与地球本影东边缘相外切，标志着月食全过程结束。当大家把这五个阶段的时间记录下来之后，就可以进行比较，看谁的观测更仔细认真了。

为什么会发生**日食**？

小朋友，你知道什么是"日食"吗？

月球和地球都是不发光又不透明的黑暗天体，它们在太阳光的照耀下，背着太阳的一面拖着一条圆锥形的黑影。因此，当月球绕地球场运转到太阳和地球中间，而且太阳、月亮、地球三者恰好或者差不多都在一条直线上时，如果月球遮住部分太阳或全部太阳，就会发生日食。

如果月球完全遮住太阳，在地球上就能看到日全食；如果月球无法全遮住整个太阳，仅仅挡住太阳的中央，在地球上就只能看到太阳的一圈光环，这便是日环食；如果月球只遮住太阳一部分，在地球上看到的便是日偏食了。

假如太阳、地球和月亮是在同一平面运转的，那么，差不多每个月都会出现日食。可实际情况却是，月球的轨道和太阳的轨道间有一个倾斜角，它们并不在同一平面上运动，所以日食也就不会经常发生了。通常说来，日食在一年中大约只发生 1 ~ 2 次，偶尔会出现 3 次，最多的曾出现过 5 次，不过这已经是十分罕见的了。

拍拍脑袋想一想

你知道怎么观察日全食吗？

131

小朋友们，我们在观察日全食时，一定要注意保护眼睛，尽量不用肉眼直接观察，以免损伤眼睛。观测日全食的方法有很多，现在为大家推荐几种简便又科学的办法：

最专业的看法：用市面上出售的专门的日食眼镜观看；

较专业的看法：用电焊人员的护目镜看；

最可行的看法：用废胶片（或者 X 光片）看，此方法比较经济划算；

最不环保的看法：用燃烧的蜡烛在玻璃板上移动，将其熏黑，用熏黑的玻璃片看；

技术含量最高的看法：小孔成像法，在纸板上用针扎一个小孔进行观看。

悄悄告诉你

天文台的**屋顶**
为什么是**圆**的？

天文台是进行天文观测的地方，在世界各地的许多高山顶上都建有装备精良的天文台。在这里，天文学家可以利用放大倍数很大的光学望远镜，观测几百万光年外的天体；用另一种无线电望远镜，专门探测来自宇宙的无线电信号。

天文台真是一个有趣的地方！可你对这个地方了解吗？你是不是也注意到了，天文台的屋顶大都是圆形的。这是怎么回事呢？

实际上，一切设计都是为了方便，天文台的设计也是这样。将天文台观测室设计成半圆形，首先是为了便于观测。在天文台工作时，天文学家要借助天文望远镜来观察茫茫的太空，而天文望远镜的体积十分庞大，重量又大。其次，天文望远镜观测的目标，不是天空中的一个方向，而是天空的各个方向。这样一来，就容易理解，如果将天文台的屋顶建成长方形普通的屋顶，很难将天文望远镜随意指向任何方向来观察天空的目标。只有把天文台的屋顶造成圆球形的，在圆顶和墙壁的接合部装置了计算机控制的机械旋转系统，这样观测研究起来就方便多了。当用天文望远镜观测太空时，天文工作者只要转动圆形屋顶，也就是把天窗转到要观测的方向，就可以把望远镜也随时转到同一方向，再上下调整

天文望远镜的镜头，就可以使望远镜指向天空中的任何目标了，观察起来也就方便多了。

还有一点很重要，当人们不使用天文望远镜时，只要把圆顶上的天窗关起来，就可以保护天文望远镜不受风雨的侵袭，免得天文望远镜的镜头受到损害。

当然，并不是所有天文台的观测室都要做成圆形屋顶，这要根据观察的需要来设计和建造。当有些天文观测只要对准南、北方向进行时，观测室就可以造成长方形或方形的，这时，在屋顶中央开一条长条形天窗，天文望远镜就可以进行工作了。

拍拍脑袋想一想

为什么要利用人造卫星进行天文研究？

悄悄告诉你

　　我们居住的地球有一个厚厚的"盔甲"，这就是我们平常所说的大气层。它的厚度达3 000千米，不过空气稠密的空间仅有几十千米厚。由于这层盔甲的保护，地球上的生灵才能免遭太阳光过于强烈的辐射、粒子的骚扰，避开宇宙空间飞来的流星的伤害，保护着地球表面的温度不易散失。可见，大气层对人类很有好处。

　　不过，任何事物都是一分为二的，有利也有弊。大气层在保护我们的同时，也会给我们带来各种麻烦。大气层对人类进行太空观测有很大的限制。比如说，在天文学研究方面，大气的流动会引起星光的闪烁，从而使得从望远镜中看到的星像模糊不清，这样一来，许多遥远的、光线微弱的天体就没有办法观测到了。另外，大气的折射以及散射等作用会歪曲天体的位置、形状和颜色。一些波段的无线电无法穿透大气层，使得地面的射电望远镜的观测范围受到了限制。而下雨、下雪以及阴天等不良气象，也使地面的天文台无法随时利用望远镜对天体进行观测。

　　在大气层的作用下，人类观测宇宙的行为受到了种种限制，后来人们便想到了利用人造卫星来观测星际空间的办法。而且，利用人造卫星观察，会出现意想不到的观测效果。此时，太阳光不再发生散射现象，随时都可以观察日冕、日珥等一系列现象，也可以更全面地研究天体的光谱。更为重要的是，在失重的人造空间站上，根本不用担心望远镜因自身重量大而引起变形，无论是光学望远镜还是射电望远镜都可以制造得很大，放大率也可以大大增加。如此一来，人造卫星就为人类观测宇宙天体打开了方便之门，使人类认识宇宙空间迈出了新的一步。

用望远镜看星星
会大点儿吗?

　　我们之所以能够看到星星，是因为大多数星星能够发光或反射恒星的光，可惜它们距离我们太远了，发出的光线照到地球上时已经不太亮了，从而造成了我们用肉眼直接观察时的困难。可是利用望远镜观察，情况就大不一样了。

　　望远镜可以把星星放大几千倍，甚至是几万倍，这样看起星星来当然就清楚多了，甚至还能观察到用肉眼无法看到的星星。应该说，望远镜是我们观察星星的好工具。不过，用望远镜看星星，并不能把所有的星星都放大，有些星星距离我们实在太远了，即使透过望远镜也只能看到一个点，只不过这个点儿比肉眼看起来要亮一些。

　　普及型的望远镜看远处的恒星就是一个点，一般是一个彩色的点；看行星就是一个面；看星云就是一团雾。一些特殊研究观测型的望远镜就能看得更远、看得更多，更有利于人们发现宇宙中的奥秘。

使用望远镜有哪些技巧呀？

　　不少少年朋友认为，只要自己拥有一架天文望远镜，就能成为一名天文爱好者。事实并非如此。要观察星空，就有必要学习一些天文知识，并能学会使用星图。在使用星图观测时，应把星图举过头顶，将星图上标的东西南北与地面上的东西南北一一对齐。星图是一个圆形图，圆圈就是地平线，中心就是我们头上的天顶。对照星图，我们就能慢慢找出空中星座的位置、形状和名字。只有坚持不懈地观察星空，逐步掌握观测所需要的基本天文知识，最后达到熟悉夜幕上肉眼可见的每一个天体，才能充分体味观星的乐趣。

　　还要注意的是，照明用的手电筒事先要用布蒙住，以免手电光把星图照得太亮，刺激眼睛，影响看星。至于如何确定地面上的方向，

136

那就要看指南针的了。

观察星空也是有技巧的，小朋友们不妨注意以下的内容。

1.坐着观测比站着观测要舒适，而且也比较稳定，所以坐在一个轻便的折叠板凳、椅子上观测星空是比较好的。

2.周围的光线比较亮，可能影响观测的时候，头上盖一块能遮光的布，再观测效果会更好。

3.观测的时间长了，前后移动一下眼睛，改变眼球和目镜的距离，再进行观测，效果会好很多，或许还会有新奇的发现呢。

4.观测时，两只眼睛要同时看。

5.观测时，呼吸要保持均匀。因为观测时为了保持身体稳定不晃动，人容易不自觉地减慢呼吸或者屏住呼吸，这样会在不知不觉中造成大脑缺氧，影响观测效果。

小朋友们，要观察星空，成为天文业余爱好者，就要有毅力与耐心，这样才能欣赏到天空的和谐与美丽。

什么是飞行器？

提到飞行器，我们需要先搞清楚什么是飞行器。

飞行器是由人类制造的，能飞离地面，在空间飞行并由人来控制的，在大气层内或大气层外空间（太空）飞行的器械飞行物。

大体说来，飞行器可以分为航空器、航天器、火箭和导弹几大类。

航空器是在大气内飞行的飞行器，如热气球、飞艇和飞机。它们是靠什么在空中起飞的呢？它们一般是靠空气的静浮力或空气相对运动而产生的空气动力升空和飞行的。

航天器是在大气层外空间飞行的飞行器。航天器分为无人航天器和载人航天器。

无人航天器分为人造地球卫星和空间探测器。人造地球卫星可分为科学卫星、应用卫星和技术实验卫星等。空间探测器可分为月球探测器、行星探测器和行星际探测器。

载人航天器可分为载人飞船、空间站、航天飞机、空天飞机。载人飞船可分为卫星式载人飞船、登月式载人飞船和行星际载人飞船。

载人飞船也叫宇宙飞船，它能够保障宇航员在此空间内生活和执行

　　航天任务，并安全返回地面。载人飞船可以独立进行航天活动，也可以往返于地面和空间站，还能够与空间站或其他航天器对接后进行联合飞行。载人飞船容积因为比较小，所载物资数量有限，不具备再补给的能力。因此，宇航员在太空活动的时间不能太长。

　　航天器在天空中飞行靠的是什么呢？

　　首先，航天器能够上天，是在运载火箭的推动下获得必要的离开地球的速度而进入太空的。还有，装在航天器上的发动机，可以为航天器

提供轨道修正或改变状态所需要的动力。

火箭是以火箭发动机为动力的飞行器，它既可以在大气层内飞行，又可以在大气层外空间飞行。火箭自身带有燃料和氧化剂，火箭上装有固体或液体火箭发动机。如果是固体火箭发动机，在发动机燃烧室内装有固体推进剂，固体推进剂经点火器引燃后，产生大量高温高压燃气，这些气体以每秒几千米的速度从喷管喷出，产生巨大的反作用力，从而推动火箭腾空起飞。液体火箭发动机和固体火箭发动机相比，不同的只是燃料和氧化剂分别装在燃料箱和氧化剂箱中罢了。

火箭就是靠燃气喷射的反作用力前进的，所以即使在没有空气的宇宙空间，火箭也照样能够高速飞行。运载火箭的主要任务是将一定质量的航天器送入太空。

导弹是一种可以指定攻击目标，甚至能追踪目标动向的飞行武器。按照制导分类，导弹通常可以分为两类，一类是根据讯号传送媒体的不同而分出的种类，如有线制导、雷达制导、红外线制导、激光制导、电视制导等；一类是按照导弹制导方式的不同而分出的种类，如乘波制导、惯性制导、主动雷达制导和指挥至瞄准线制导等。

导弹按照作用可以简单地分为战略导弹和战术导弹。总之，导弹有许多成员，各自发挥着重要的作用。

可见，由于飞行器性能不同，它们的用途也是不一样的。

拍拍脑袋想一想

"一箭多星"是怎么发射的？

什么是"一箭多星"？

"一箭多星"是指用一枚火箭发射两颗或两颗以上的卫星。这是一种优越的发射方法，因为如果在近地同一轨道上需要两颗以上卫星互相配合的话，那么，用一枚火箭同时发射多颗卫星是最为理想的发射方法。

这里涉及到的技术十分复杂，也是一个国家综合国力的展示。我国于 1981 年 9 月 20 日，用一枚运载火箭把三颗卫星同时送入地球轨道。"一箭三星"发射的成功，使我国成为世界上第四个掌握"一箭多星"发射技术的国家。

通常，"一箭多星"的发射有两种方法，一种是把几颗卫星同时一次送入一个相同的轨道；另一种是分次、分批释放卫星，使各个卫星分别进入不同的轨道。

相对来说，第一种方法要比第二种方法简单些，只要达到预定轨道，一起释放卫星就可以，而第二种方法难度肯定是加大了。换句话说，运载火箭达到某一预定轨道速度时，先释放第一颗卫星，使卫星进入第一个预定轨道；随后，火箭继续飞行，当达到另一个预定轨道速度时，释放第二颗卫星。以此类推，逐个把卫星送入各自的运行轨道。一枚运载火箭发射多种不同轨道的卫星技术是比较复杂的，操作起来也更加困难一些。

悄悄告诉你

141

航天飞机是什么？

　　航天飞机很神奇，它靠火箭推动进入太空，又可以像滑翔机一样返回地球，因此被人们称为"太空公共汽车"。简单地说，航天飞机可以往返于地面与地球轨道之间。

　　航天飞机穿过大气层时，空气摩擦使其温度高达 1300℃。在这样的高温下，钢铁都可能被熔化，纯铁的熔点（固体变为液体的临界温度）是 1535℃，纯钢的熔点是 1515℃。而制造航天飞机的大部分原材料就是钢铁，所以设计者们不得不想办法解决这一问题。于是，科学家给航天飞机穿上一件特殊的"外套"。科学家们研制出了一种耐高温的陶瓷瓦，将其覆盖在航天飞机上，就可以避免航天飞机受到高温伤害。

　　航天飞机里有 2000 多个按钮，由四台电脑控制。如果其中一台电脑出现故障，其余三台电脑会一起纠正。飞机上还装有太空望远镜，借助这种仪器，人们能够看到许多地球上看不到的星星。

　　航天飞机上的机械手能够帮助宇航员完成回收卫星的任务。航天飞机的用途是把人造地球卫星、载人飞船、空间站、空间探测器等有效载荷送到科学家事先预定的轨道。

143

小朋友们，航天飞机是世界上第一种也是目前唯一的可重复利用的航天运载器，同时，它又是一种多用途的载人航天器。航天飞机系统主要由一架带翼轨道器、两台固体助推器和一个大型外储箱三大部分组成。航天飞机为人类自由进出太空提供了很好的工具，它大大降低了航天活动的费用，是航天史上的一个重要里程碑。但出于安全和巨大费用的考虑，航天飞机已在多年前停止了使用。

拍拍脑袋想一想

宇宙飞船是怎么回事？

悄悄告诉你

宇宙飞船，大家在电视中或许已经看到或听到相关的新闻。它又叫载人飞船，是一种将航天员运送到太空，并且可以安全返回的一次性航天器。因为宇宙飞船只能使用一次，因此成本是非常高的。

换句话说，宇宙飞船实质上就是一颗载人卫星，与卫星所不同的是，宇宙飞船具有应急、营救、返回、生命保障等系统，而且有雷达、计算机和变轨发动机等设备。它能基本保证航天员在太空短期的生活以及进行一定量的工作。

不过，宇宙飞船的体积和质量都不能够太大，它所携带的燃料和生活用品很有限，因此飞船每次只能乘载 2～3 名宇航员，而且在太空中运行的时间也不能太长，一般是几天到半个月。

神舟号实验飞船是中国自行研制的第一艘实验飞船，于 1999 年 11 月 20 日在中国酒泉卫星发射中心用新型长征 -2F 运载火箭发射升空，次日在预定区成功返回着陆。整个飞船由轨道舱、返回舱和推进舱三部分组成。所谓的轨道舱，是航天员生活和工作的地方。返回舱是飞船的指挥控制中心，是航天员上天和返回地面的地方。推进舱也称动力舱，为飞船在轨飞行和返回时提供能源和动力。

2003 年 10 月 15 日 9 时整，"神舟"五号载人飞船发射成功，用的火箭是新型长征 -2F 捆绑式火箭，返回时间是 2003 年 10 月 16 日 6 时 28 分。中国飞天第一人杨利伟就是乘"神舟"五号载人飞船成功飞行的。

太空中怎么 还会有垃圾？

对我们而言，垃圾可不陌生，哪个家庭一天中不产生一些垃圾？但茫茫太空并无人类生活的痕迹，即便有也都是生活在航天器里，那么天空中的垃圾是从哪里来的呢？

实际上，太空是有垃圾的，这就是太空垃圾。太空垃圾是指在绕地球轨道运行，但不具备任何用途的各种人造物体，也就是在人类探索宇宙的过程中，被有意无意地遗弃在宇宙空间的各种残骸和废物。

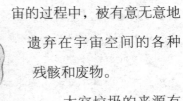

太空垃圾的来源有三个：一是航天发射时留下的多级火箭外壳，它们被丢弃在太空中，以很大的速度绕地球飞转，随时会爆炸和

解体；二是在完成空间任务后，耗尽能源而被丢弃的航天飞行器；三是在太空进行多种科学实验并被丢弃的多种物品。这些形形色色的垃圾仍在绕着地球运行，由于高空中大气稀薄，运行能量消耗极少，所以不容易自行销毁，就慢慢攒多了。

你知道太空垃圾的危害吗？

悄悄告诉你

随着人类对太空的探索，不断向太空中发射各种各样的航天器，势必会造成越来越多的太空垃圾。或许你会认为，太空那么大，有一点太空垃圾也没有什么大不了的吧？

错了！太空垃圾多了，就很可能造成"宇宙交通事故"。太空飞行垃圾并不是固定不动的，而是在高速运转着，如果飞行器与太空垃圾相碰的话，非撞个你死我活不可。

这些太空垃圾会对人类构成极大的危险，主要有如下三种：

一、威胁宇航安全。不要小看这些太空垃圾，由于它们以每秒钟6～7千米的速度飞行，蕴藏着巨大的杀伤力，一块10克重的太空垃圾撞上卫星，相当于两辆小汽车以100千米的时速迎面相撞。一旦航天器与这些垃圾碰上，后果不堪设想。

二、威胁地面安全。太空中宇宙飞船残片会不断下跌，进入大气层，一部分在大气层中烧毁，另一部分则掉在地球上，危险也很大。还有，飘荡在地球上空的核动力装置更具有危险性，这些放射性物质危害很大，尤其是核动力发动机脱落，会造成放射性污染。

宇航员怎么吃东西呢?

宇航员在太空中吃饭和喝水可不是简单的事情。那他们应该怎样吃东西呢?

在太空失重的条件下，面包等食物不会乖乖地待在盘子里，等着主人去享用它们。它们在空中飞来飞去，造成很多麻烦。所以，宇航员的食品大多数情况下是真空或罐体包装的，一般是用铝管包装的肉糜、果酱等糊状食物。

宇航员吃东西的时候，就像挤牙膏似的把食物挤进嘴里。他们一定

147

不能吃粉末状的食物，因为粉末会乱飞，给宇航员带来致命危险——这些小小粉末能够飞进宇航员的鼻子和眼睛中，飞进仪器和设备里，从而引起一系列恶果。所以，宇航员的食物要做成牙膏状。

随着航天技术的发展，各国也越来越重视宇航员的饮食问题，航天食品也越来越符合宇航员的口味了。现在的宇航食品更加科学、可口、营养，还增加了具有民族特色的食物。

宇航员的食品比较多，如压缩食品、脱水食品、软包装罐、中水分食品、自然型食品等，这些食品都含有人体生命活动需要的营养物质，如淀粉、脂肪、蛋白质、水、无机盐和维生素等。如今宇航员们也能在太空吃上可口的食物了。

拍拍脑袋想一想

宇宙飞船里能够煮汤圆吗？

148

一篇科学童话里说，猪八戒在宇宙飞船里用电炉子煮汤圆，可煮了半天水也不开。猪八戒着急了，伸手去摸锅里的水，谁知那水上边还是冰冷的；把手往里伸，水有些温和；再往下伸手碰到了锅底，啊呀，好烫——老猪赶快一甩手，连水带锅都飞上了天……

这只是一个童话故事。那么现实中呢，宇宙飞船里到底能不能煮汤圆呢？

宇宙飞船一进入太空，就会出现有趣的失重现象。这时候你会觉得，

悄悄告诉你

什么东西都没有重量了，人能在半空中悬着，随意摆成什么姿势都行。

不过，在失重的环境里没法生火。因为火燃烧的时候，需要不断补充氧气，而失重以后，热空气不能上升，冷空气也不能过来补充，火也就没法燃烧了。再者，太空中没有氧气，宇宙飞船里的氧气极为珍贵，不可能用来烧火。因为如果没有了氧气，宇航员也无法呼吸了。

在宇宙飞船里，宇航员只能用电炉加热。不过用电炉烧水，水还是烧不开。因为在地球上烧水，下面的水吸热以后会变轻上浮，上面冷水会下沉，这样就形成水的对流。我们在地球上烧水，会看到这样的现象：水沸腾时，下边的水变成一个个小气泡，气泡不断上升，而上边的冷水则往下补充。但是，失重情况下就另当别论了。失重环境下，水不会形成对流，即使壶下面的水变成了蒸汽，整壶水也不会沸腾。

所以，在宇宙飞船上连水都烧不开，更别提煮汤圆了。

宇航员是怎么睡觉的?

我们睡觉是很平常的事情,对宇航员来说就不容易了。那么,你知道宇航员是怎么睡觉的吗?这里面有许多学问呢。

在失重条件下,宇航员不能像在地球上那样睡在床上,固定不动。在太空中,航天员睡觉完全不受姿势的限制,可以躺着睡,坐着睡,站着睡,甚至倒立着睡,任其自愿。

宇航员准备睡觉时,必须钻进睡袋中去睡。一般情况下,睡袋被牢牢地固定在"墙上",前面有一道拉链,两侧还有伸出胳臂的洞,将睡袋固定在"墙上"。这样,宇航员钻进去之后,才能安安稳稳地睡着。否则的话,宇航员很可能在熟睡中飞离舱位。

睡觉时,宇航员的头部必须处在通风的地方,否则,他们呼出的二氧化碳会聚集在自己的鼻子附近。当宇航员血液中的二氧化碳达到一定程度的时候,其脑后部的一个报警系统就会发出警告,使宇航员惊醒,让他马上进行呼吸调整。

拍拍脑袋想一想

你知道宇航员上厕所的秘密吗？

悄悄告诉你

在失重状态下，宇航员是怎么上厕所的呢？

为了避免宇航员在失重环境下站立不稳（或许是蹲坐不稳），宇宙飞船的厕所里还配有专门装备。不管宇航员采用什么样的如厕姿势，都得用安全扣把腿部固定住，甚至可能要把膝部锁住，把大腿绑起。所以，他们上一趟厕所，就好像坐一回过山车一样。

为了避免排泄物四处飞溅，厕所里用气流而不是水流冲洗。宇航员如厕时，屁股下方的容器口会自动打开，并接通空气流，这时宇航员的屁股就会有凉飕飕的感觉。急速的气流将排泄物冲走后，气体经过处理（消除异味与杀菌）之后，还会重新投入起居舱以供使用。

另外，厕所内有一个呈漏斗状的收尿器，收尿器内通入气流，可把排出的尿液吸收进内部的收集袋里。

为了掌握宇航员在太空的生活情况，科学家们要求宇航员每次上天后都要将自己的一部分大小便冻结成标本，带回地球，以供分析研究。

151

太空可以种蔬菜吗?

　　宇航员在太空中吃的食物都是事先做好的罐头食品或压缩食品，以往宇航员在太空吃的食物，味道谈不上好。所以，如何让宇航员在太空中吃上新鲜的蔬菜，就成了许多科学家探索的目标。

　　经过多年的努力，如今科学家已经成功地培养了适合在天空中生长的"太空蔬菜"。

　　美国、俄罗斯等国的科学家模拟失重、辐射、温差等太空环境，在地面创建"星际飞行器"，开垦了"太空菜园"。他们先把种子埋在装有人造土壤的小盒内，待种子发芽后再移植到"菜园"里，在特殊设备的帮助下完成浇水、施肥等"田间管理"。生长期间，"太空蔬菜"不依靠土壤，仅靠营养液便可生长良好，而且生长速度要比地球上快得多。

　　在"太空菜园"里生长的蔬菜十分鲜嫩，有水灵灵的白菜，有硕大的黄瓜，有脆生生的萝卜。"太空蔬菜"与地球上的蔬菜生长得不尽相同，而且味道比地球上的更加鲜美可口。

　　我国的"太空蔬菜"实验也在紧锣密鼓地进行，但目前种植工作还局限在地球上，只不过一些蔬菜的种子上过太空。未来，人类会在太空建温室，种植真正的太空蔬菜。为了实现这个目标，各国科学家已经在航天飞机和空间站上进行了大量研究和实验。

153

正在实验的"受控生态生保系统"，又称生物再生式生保系统，它利用植物的光合作用，一方面为航天员提供所需氧气，另一方面净化他们呼出的二氧化碳，完全实现大气的自给自足。同时，科学家通过饲养动物为航天员提供动物蛋白，通过微生物将废物转化为可再用物质。这套系统的最大特点是，实现了系统内食物、氧气和水等基本物质的全部再生，可大大减少地面的后勤补给。

中国首次"受控生态生保系统试验"是非常值得一提的。在模拟太空环境的密闭舱中，"宇航员"呼吸的空气就来自于舱内种植的 36 平方米的植物，其中包含了生菜、油麦菜、紫背天葵、苦菊四种可食用蔬菜。这些蔬菜不但承担着为两名航天员提供呼吸用氧，同时也担任着吸收二氧化碳的"重任"，它们同时还担负着向两名航天员提供 30 ~ 50 克新鲜蔬菜的"职责"。

"太空蔬菜"研制成功，将为宇航员带来新的福音。

拍拍脑袋想一想

什么是"宇宙救命绳"？

在航天过程中，宇航员有时需要离开飞船，到太空舱外活动，如修复哈勃望远镜等。宇航员离开飞船容易，但再要回飞船可就难了，这就需要有一根特殊的绳子拉回宇航员。

这根绳子必须有以下特性：它必须是柔软的，这样才不会束缚宇航员的行动自由；但是它又必须是硬的，这样它才能拉回宇航员。

马顿是美国宇航局的一名技师。他接受了这种既硬又能软的绳子的研制任务。他绞尽脑汁，做了无数次的实验，都没有研制成这样一根绳子。

一天，他路过一家商店，看到玩具橱窗里摆着各种各样的玩具，有汪汪叫的电子小狗，有会唱歌的布娃娃……突然，马顿想起了自己小时候玩过的一只串珠小狗。那只小狗的腿和尾巴是用细绳串上珠子做的，把绳子放松，狗便会软塌塌地卧着；要是把绳子拉紧，小狗立刻就会站起来。

想到这里，马顿几乎要跳起来。"哈哈！串珠串成的绳子不就能软能硬吗？"他马上想到了自己研究的课题上。利用"串珠加软绳"的方法，马顿和同伴们终于研制出了一条既软又硬的太空绳。这种绳索的外部是一个用耐磨材料做成的绳套，套子里装有用坚韧的尼龙绳串起的珠子。当宇航员出舱行走或工作时，将尼龙绳放松，珠子之间呈松散状态，太空绳就变成一条可以随意弯曲的软绳，宇航员行动自如；当其要返回飞船或遇到紧急情况时，尼龙绳马上收紧，串珠一个个靠得紧紧的，绳子就绷得硬邦邦的，像根棍子似的，能够迅速将宇航员拉回舱内。

宇航员用的这种绳子既安全又方便，人们亲切地叫它为"宇宙救命绳"。

悄悄告诉你